数理計画法による
問題解決法

新村秀一[著]

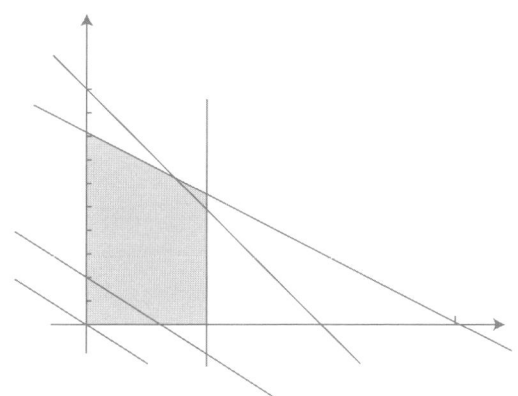

日科技連

- **商標，登録商標**
  — Microsoft Windows，Microsoft Excel は，米 Microsoft 社の登録商標です．
  — LINGO，What'sBest!，LINDO API は，米 LINDO Systems Inc. の商標または登録商標です．
  — その他，本文中の社名・製品名はそれぞれの会社の商標または登録商標です．本文中には TM マークなどを明記していません．
- **免責事項**
  — 本書に記載されている手順などの実行の結果，万一障害などが発生しても，著者及び日科技連出版社は一切の責任を負いません．お客様の責任のもとでご利用ください．
  — 本書に記載されている情報は，特に断りのない限り，2011 年 6 月 1 日現在のものです．それぞれの内容につきましては，予告なく変更されている場合があります．

はじめに

　本書は，経営工学科(数理工学科)を中心とした工学部，経済学部，経営学部，商学部，農学部，医学部や薬学部など全ての学部の授業を想定した「**数理計画法による現実的な問題解決**」のための教科書である．

　取り上げているテーマは，AHPを除くオペレーションズ・リサーチの多くの分野を網羅している．学生は，どんな問題を解決できるかについて最低限理解することを第一の目標とする．その後で，Excel上にかなり本格的なデータを与え，最先端のLINGO(リンゴー)と呼ぶ最適化ソフトウエアで分析した結果をExcelに出力して，その意味を理解することを最終目標とする．各章の終わりの「まとめ」で，その章で理解すべきことを明確に示した．

　LINGOは，シカゴ大学ビジネススクールのLinus Schrage(ライナス・シュラージ)教授が開発し社長を務めるLINDO Systems Inc.(リンド・システムズ・インク)の数理計画法ソフトの一つである．**無償の評価版**(制約式150，変数300，整数変数30，非線形変数30，大域的探索変数5)を利用することで理解が深まり，学生も楽しく問題解決学を身につけることができるだろう．ただし，目次の節で「商用版利用」と注釈したものは，評価版では実行できない．

　従来の経営科学の授業で行われてきた数理計画法の教育は，専門家に必要な数理計画法のアルゴリズム中心の教育であった．しかし，本書で提案する授業内容は，その部分はLINGOに任せ，「学生が社会に出て出会う様々な問題を，実際に解決する能力の涵養」を目的にしている．このため，LINGOで大規模で複雑な実際の問題も解ける「**汎用モデル**」を各章の終わりに解説する．汎用モデルは筆者の造語である．統計ソフトと同じくデータを手法から独立させ，データの変更に影響されないことを意味している．

　文科系の学部生には，必ずしも汎用モデルの内容の理解を要求していない．社会に出て，もし実際に解決すべき事態になった際，思い出して利用してもらえればよい．しかし，大学院の学生や研究者あるいは実業界の利用者は，その

内容を理解すれば，研究や仕事に実際にすぐに役立つと考えている．

　筆者の主張は，統計，数理計画法，数学などの理数系の学問は，「専門家教育」とは別個に，「**高度なユーザー教育**」を行うべきであるという点である．これはすでに統計の分野で実績がある．大学での統計教育は，1980年以前は難解な統計理論の授業が中心であった．しかし，筆者をはじめ多くの統計研究者が統計ソフトを使った「データ解析」という高度なユーザー教育を行い，今日研究者のみならず，それを支える高度な統計分析能力を備えた学生が社会で幅広く活躍している[7]．

　数理計画法は，「**本来分析したい対象を数式で記述できれば，その関数の最大値/最小値が求められる学問**」である．すなわち，数理計画法で扱える対象分野は広く，理数系に限らずほぼ全ての学問分野の基礎である．そして経営の分野に限らず，森林管理やスマートグリッドなどの社会問題を解決するシステムがLINGOで開発されている．

　しかし，これまで数理計画法ソフトの開発が遅々として進まなかった．それが2010年に，**線形計画法(LP)**，**2次計画法(QP)**，**整数計画法(IP)**，**大域的探索を含む非線形計画法(NLP)**，そして**確率計画法(SP)**といった数理計画法に必要な全ての解法が商用ソフトで初めて完成した．LINGOは，これらの解法の違いを意識することなく，学生から専門家までが簡単に利用できる．結局，「**理数系の学問は，世界最先端の使いやすいソフトを使えば，どんなに複雑で大きな問題でも大学の学部教育で教えることが可能になった**」といえる．

　ただ，商用ソフトの購入費用はばかにならない．しかし，数理計画法の普及と教育を生きがいと感じるL. Schrage教授は，かなり以前からLINDO Systems Inc.のHP上で個人が評価用に利用できる「無償の評価版を公開」している．今回，この「評価版を日科技連出版社のHP[†]からダウンロードして教育に利用できる」よう便宜を図った．これを学生が自宅で宿題の作成や自習

[†] 日科技連出版社　ホームページ
　　[URL]　http://www.juse-p.co.jp/

に用いれば効果的であろう．また，大学の教員の方で予算が取れない場合は，評価版を用いて授業を行うことも認めてもらった．

　本書の主な見どころは，次の通りである．
第1章：魔法の学問による問題解決学
　数理計画法の重要なポイントを，1次式と2次式の最大／最小問題，「領域の最大／最小問題」を使ってわかりやすく説明する．
第2章：非線形モデルと大域的最適解
　数理計画法は，現象を式で表すことさえできれば，その解を求めることができる汎用の数学ソフトである．単に数式，連立方程式，非線形連立不等式などの解を求めるのにも利用できることを解説する．そして，非線形計画法で大域的な最適解(すなわち最大／最小値)を求めることと，目標計画法を解説する．
第3章：組立産業への応用
　製品組立問題は，電気，自動車，ファースト・フードなどの部品や食材を組み立て，最終製品を作る産業をモデルにしている．それは「領域の最大問題」そのものである．ここでは，問題の規模や変更に影響されない汎用モデルを作成するテクニックと，減少費用と双対価格の意味を解説する．
第4章：配合問題
　配合問題は，材料を配合し，最終製品を作る産業の基本モデルである．製鉄業，石油産業，化学産業，酪農や養鶏業の配合飼料，金融商品の組合せなどに広く応用できる．このため，モデルのサイズは大きくなるが，汎用モデルを使えば誰でも実践できることを示す．また，これまで利用されてこなかった食材加工工場，病院食，原材料高に悩む中小企業の配合材料の決定などは，規模が小さいモデルが多いと考えられるので，今回無料で入手できる評価版でも実際の実務に十分利用できる．
第5章：評価の科学 DEA 法―良いところをほめる―
　経営効率分析法または包絡分析法(Data Envelopment Analysis, DEA)は，企業の事業部，百貨店などの複数の店舗，自治体の複数の図書館，野球選手の

評価など，多入力多出力のデータを用いて行う手法である．よく論文に引用される東京23区の図書館のデータを用いてDEA法の基礎知識と，**クロス効率値をクラスター化**する筆者の新しい考えを紹介する．その後で67名の野球選手の年俸を打率，本塁打，四球で分析する．他の章と同じくExcelデータと入力に時間のかかる汎用モデルは日科技連出版社のHPで公開するので，うまく利用してほしい．

第6章：ポートフォリオ分析

ノーベル経済学賞を取ったポートフォリオ分析の理論を，3社の株式で説明し，その後金融機関でも使える，期待利益水準を10段階で変えて効率フロンティア曲線を描く汎用モデルを解説する．金融関連の授業には，評価版のSamplesフォルダーに収納されているLINGOのSample(雛型)モデルを授業に活用してほしい．また金融機関のシステム開発には，雛型モデルで検討し，仕様書の代わりに利用すれば開発の生産性と質を上げることができると考える．雛型モデルは，LINDO Systems Inc.がこれまでに数理計画法で定式化されたモデルや独自に開発したモデルを分野別にまとめたものである．

第7章：時間をうまく管理する人生の達人(PERT)

日程管理は，20世紀に初めて人類が手に入れた「時間を効率的に管理する手法」である．しかしインターネットでは，「ガント・チャート」と呼ばれる低レベルで問題の多い工程管理ソフトが花盛りである．なぜPERTモデルがないのか不思議である．LINGOを使ったPERTの汎用モデルは，プロジェクトをいくつかの作業工程に分け，各作業工程で先行作業と後続作業のペアのリストをExcel上に与えるだけで計算できるので，ガント・チャートの利用者にとっては朗報であろう．学生は，学園祭の準備などに利用してみるとよい．

第8章：巡回セールスマン問題

訪問したい都市を，一筆書きの要領で訪問総距離(時間)を最小にして元の都市に戻ってくる問題である．産業応用上重要であるが，サブ・ツアー切断の仕方によって計算時間が著しく異なり，大規模問題では計算時間がかかる．ここでは，段階を追っていくつかの異なった定式化を示し，理解を深めることにし

たい．

第 9 章：回帰分析と判別分析

　回帰分析，判別分析，コンジョイント分析などの統計手法のモデルがすでに LINGO の Samples フォルダーにあるが，ここでは回帰分析の最小二乗法，LAV 回帰，L1.5 ノルム回帰を紹介する．その後，SVM（サポートベクターマシン）と筆者が 12 年間かけて開発した**最適線形判別関数**[4] を，統計的な判別関数（LDF，2 次判別関数，ロジスティック回帰）と比較する[5], [6]．

第 10 章：種々のモデル

　ここでは，次の 7 種類の問題を解説する．①，②連立方程式の解を求める応用として数独と CT（コンピュータ断層撮影），③線形計画法で整数解が得られる輸送問題，④最初に求めた総人件費の最小値（最適解の状態）を保持して，各曜日の超過人数の最大値の最小化（MIN/MAX），日曜日の超過人員の最小化といった 3 段階で改良する要員計画問題，⑤ナップザック問題，⑥マルコフ過程，⑦ローンの計算．

付録：LINGO の関数

　ここでは代表的な LINGO の関数を紹介する．

　本書を執筆するに際し，汎用モデルの開発に関して，L. Schrage 教授と LINGO の開発責任者の K. Cunningham 氏の支援を得たことに感謝します．

2011 年 3 月 10 日

　　　　　　　　　　　　　　　　　　　　成蹊大学 経済学部

　　　　　　　　　　　　　　　　　　　　　教授　新　村　秀　一

目　次

はじめに……………………………………………………………………………… iii

第 1 章　魔法の学問による問題解決学 ………………………… 1
- 1.1　魔法の学問　*1*
- 1.2　関数の最大と最小値　*5*
- 1.3　領域の最大／最小問題　*13*
- 1.4　現実への適用　*15*
- 1.5　LINGO のインストールと利用　*19*
- 1.6　まとめ　*23*

第 2 章　非線形モデルと大域的最適解 ………………………… 27
- 2.1　非線形最適化と大域的最適解　*28*
- 2.2　局所最適解と大域的最適解　*28*
- 2.3　LINGO で解いてみよう　*30*
- 2.4　2 次計画法　*31*
- 2.5　箱の設計　*32*
- 2.6　方程式の求解　*37*
- 2.7　まとめ　*38*

第 3 章　組立産業への応用 ………………………………………… 39
- 3.1　製品の組立　*39*
- 3.2　パソコンの製造　*40*
- 3.3　LINGO によるモデル　*40*
- 3.4　汎用モデル　*46*
- 3.5　まとめ　*50*

x 目次

第4章 配合計画 51
4.1 物を混ぜ合わせる配合計画とは　*51*
4.2 ある鉄鋼会社の配合問題　*53*
4.3 配合計画をLPでモデル化する　*54*
4.4 LINGOでモデル化(配合.lng)　*56*
4.5 さて実行してみると　*57*
4.6 出力結果の解釈　*61*
4.7 親会社にいくら請求するか　*64*
4.8 汎用の配合モデルを作成する　*64*
4.9 まとめ　*69*
コラム1　*70*

第5章 評価の科学DEA法―良いところをほめる― 71
5.1 経営効率性分析あるいは包絡分析法とは　*71*
5.2 東京都23区の図書館の評価(DEA.lg4)　(一部商用版利用)　*74*
5.3 クロス効率値のクラスター分析　*77*
5.4 DEA法の問題点　*80*
5.5 プロ野球選手の年俸評価　(商用版利用)　*82*
5.6 まとめ　*90*

第6章 ポートフォリオ分析 93
6.1 マーコウィッツの平均/分散ポートフォリオ・モデル　*93*
6.2 LINGOでモデル化する　*96*
6.3 汎用モデル(PORT02.lg4)　*97*
6.4 効率的フロンティア(PORT03.lg4)　*99*
6.5 まとめ　*102*
コラム2　*103*

第7章　時間をうまく管理する人生の達人（PERT） ············ 105
- 7.1　時間の管理　*105*
- 7.2　PERTの概略　*109*
- 7.3　手計算　*110*
- 7.4　自然表記によるPERTのLPモデル1（Primal, 主問題）　*113*
- 7.5　自然表記によるPERTのLPモデル2（Dual, 双対問題）　*113*
- 7.6　集合表記によるPERTモデル（MAX/MIN演算を伴う非線形モデル）　*115*
- 7.7　自分で考えてみよう　*119*
- 7.8　まとめ　*120*

第8章　巡回セールスマン問題 ············ 123
- 8.1　一筆書きの世紀の難問　*123*
- 8.2　TSPの定式化　*124*
- 8.3　TSPの真の困難さ　*126*
- 8.4　簡単な実行可能解　*127*
- 8.5　TSPの応用　*129*
- 8.6　成蹊大学元教授のメモ（商用版利用）　*129*
- 8.7　まとめ　*131*

第9章　回帰分析と判別分析 ············ 133
- 9.1　統計手法も数理計画法の領域だ　*134*
- 9.2　重回帰分析と判別分析　*135*
- 9.3　LINGOによる重回帰分析　*140*
- 9.4　判別分析（LDF, 2次判別関数, ロジスティック回帰）　*143*
- 9.5　SVM　*148*
- 9.6　最適線形判別関数　*150*
- 9.7　学生の成績データでの検証　*152*
- 9.8　CPDデータでの検証　*157*

9.9 まとめ　*157*
コラム3　*160*

第10章　種々のモデル　……………………………………… *163*
 10.1　数独にいどむ（数独.lg4）（商用版利用）　*163*
 10.2　CT（コンピュータ断層撮影）にいどむ（CT.lg4）　*166*
 10.3　輸送問題で経営の道義を考える　*168*
 10.4　要員計画（異なった目的関数を3段階で最適化する，要員計画.lg4）　*171*
 10.5　ナップザック問題（Knapsack.lg4）　*175*
 10.6　マルコフ過程（Markov.lg4）　*177*
 10.7　財務関数の利用（住宅ローンの計算，Whatif.lg4）　*179*

付録　LINGOの関数　……………………………………………… *181*

あとがき……………………………………………………………… *187*
参考文献……………………………………………………………… *197*
索　引………………………………………………………………… *199*

　本書では紙幅の関係で以下の内容を省いた．階層的な部品から複数の最終製品を作る問題（Material Requirements Planning），サンプリング，予測問題，金融分野．また，数多くの関数を利用して，確率関数を用いた種々の在庫問題，品質管理，待ち行列，ブラックショールズのオプション価格の計算などである．

第1章 魔法の学問による問題解決学

1.1 魔法の学問

　理論が絵でもって理解でき，利用に際して覚えることが少なく，それでいて広範な問題の意思決定や問題解決に使える技術(学問)をご存知だろうか．それは筆者が10年以上前から「魔法の学問」と呼んでいるものである．今まで出し惜しみしていたわけではない．それを主張し，読者に納得してもらえるためのものが一つだけ欠けていたからだ．しかし，2000年以降に，その魔法を実現するソフトウエアが，ようやく期待に応えてくれるようになった．

　この「魔法の学問」を本書で理解すれば，みなさんはきっと広い視野をもつことができると確信している．そして，Excel上に必要なデータさえ準備すれば，それを問題の規模や変更に影響されない「汎用モデル」で簡単に分析して解決していくことができる．

(1) なぜ広範な問題が解決できるのか

　筆者が「魔法の学問」と呼んでいるのは，「数理計画法」という学問である．「何だ」と，ここで読むのを止めないでいただきたい．この学問は，制約条件のある関数の最大値や最小値を求める学問である．問題解決したいものが，数式で定義さえできれば，それらが全て数理計画法の対象になる．目的関数 $y = f(x) = 2x+1$ が，定義域(制約条件)が $[2, 3]$ である場合，$x = 2$ で最小値 $y = 5$，$x = 3$ で最大値 $y = 7$ をとるという単純このうえないことが数理計画法の対象である．

2000年以降，解決したい問題が関数で記述さえできれば，全てが数理計画法ソフトでやっと解決できるようになった．これまでは数理計画法ソフトの機能が未熟で，「どんな数式でも解ける」と自信をもっていえなかった．

「関数で記述できれば解決できる」といわれても，みなさんは困ってしまうであろう．しかし，心配は要らない．これまで，実にさまざまな問題が，すでに数理計画法のSample（雛型）モデルとして開発済みなのである．まずそれらを理解し，利用するだけでも十分に成果は上がる．

(2) なぜ理解が容易なのか

これらの問題を自分で再発見することは，よほどの天分に恵まれなければ困難である．しかし，開発済みの雛型モデルを理解することは容易である．なぜなら，定義域を表す制約条件と売上や利益，視聴率などの最適化したい目的関数を理解するだけでよいからである．また，分析結果の理解も簡単である．何しろ，どの値で最大値あるいは最小値をとるかを理解すればそれで十分だからである．

筆者はこれまで，統計ソフトを用いた実践的な教育の普及に注力してきた[7]～[16]．しかし統計は，種々の統計手法が開発されていて，理解すべき統計量も実に様々で，出力結果も多彩である．また，「帰無仮説」や「母集団と標本」といった日常生活と異なった思考の飛躍が要求される．

それに比べて数理計画法は，扱える問題は多岐にわたっているが，入力するモデルの表記法と解析結果の出力形式は一通りで，いたって簡単である．では，なぜ統計ほどみなさんになじみがなかったのであろうか．

(3) これまで数理計画法が広く受け入れられなかった理由

筆者は10年ほど前から，数理計画法の解説書を3冊ほど書き溜めてきたが，ある理由で出版までに至らなかった．しかし，2007年の12月末にようやくその理由が啓示的にわかった．

実は，数理計画法を勉強しても，それを実社会で応用しようとした場合，こ

れまで数理計画法ソフトの機能が弱かったため，適用が大変であった．このため，数理計画法の実践は一部の専門家にとどまっていたのである．数年前からようやく数理計画法ソフトの機能が格段に向上し，学生から専門家まで多くの人が簡単に利用できるようになった．しかし，10年以上も Excel で稼働する最適化ソフトの What'sBest![17] で判別分析の研究に没頭してきた筆者は，LINGO（リンゴー）の可能性を見逃していた[†]．

本書では，代表的な数理計画法による問題解決学を第2章から第10章で解説する．重要なのは，それらを現実の問題にすぐに適用できる「汎用モデル」まで解説した点である．

例えば，ノーベル経済学賞を取った「ポートフォリオ分析」を第6章で解説するが，ノーベル経済学賞といっても数理計画法のモデルであるので，制約式と目的関数だけになり，他のモデルと同じレベルで理解できる．初めに，3社の株式でポートフォリオ分析の基礎を理解し，その後「汎用モデル」で金融機関が行っている規模の分析もできるようになる．

筆者自身は，2010年度まで成蹊大学経済学部の2年次の半期科目で数理計画法の種々のモデルを解説してきた．しかし多くの学生は，社会に出てもそれらを実践することは少ないとあきらめており，多少むなしく悲しい思いで教えていた．2011年度からの受講生は幸せである．「汎用モデル」を教えるので，多くの学生が社会で実際に役立てることが期待できるからである．

（4） 高校数学でわかる魔法の学問

数理計画法の理解には，次の1.2節で解説する「関数の最大と最小値」を理解することが基本である．このほか，数理計画法には大きく分けて次の5つの手法があるが，それらの注意点だけを理解すればよい．

[†] What'sBest! でも LINGO と同じことはできるが，筆者には Visual Basic の利用ができない．

1) 線形計画法(Linear Programming, LP)

制約条件と目的関数が1次式で表されるものを，線形計画法(LP)という．数理計画法の入門で，応用範囲も広い．LPの理論的背景は，高校数学Ⅱの「領域の最大／最小問題」がわかればそれで十分である．ただ，第3章で説明する「減少費用」と「双対価格」という有用な情報もできれば使いこなしてほしい．

2) 2次計画法(Quadratic Programming, QP)

制約条件が1次式で，目的関数が2次式で表されるものを，2次計画法(QP)という．ポートフォリオ分析や重回帰分析の最小二乗法が扱える．

LPとQPはそれほど難しくない．しかし次の3)と4)の2つの手法がこれまで数理計画法ソフトの鬼門であった．

3) 整数計画法(Integer Programming, IP)

一般的に，数理計画法が扱う変数は実数であるが，変数が0/1の2値の整数値，あるいは非負の整数値($x \geq 0$)に制限されたものを扱うのが，整理計画法(IP)である．大規模な整数計画法は，"組合せの爆発"のため計算時間がかかる．今後とも改良が続けられるが，ようやく多くの分野で適用できるようになった．筆者は，誤分類数を最小化する最適線形判別関数[4]を開発し，判別成績の良い結果を得たので第9章で解説する．

4) 非線形計画法(Non Linear Programming, NLP)

制約条件と目的関数のいずれかが1次式で表されないものを，非線形計画法(NLP)という．これは第2章で解説するが，「最大値／最小値」のほか，「局所最適解（極大値／極小値）と大域的最適解（いわゆる最大値／最小値）」の違いを理解する必要がある．これまでの数理計画法ソフトは，大規模で，複雑な非線形の「局所最適解」を求めることも大変であった．また得られた解が，大域的最適解かどうかの判定も困難であった．しかし，ようやくこれらの難題も解決

された．さらに，変数が整数の場合も扱えるようになった．

5) 確率計画法(Stochastic Programming)

決定変数が確率変数の場合であり，2010年になって商用ソフトで初めてLINDO Systems Inc. が確率計画法をリリースした．しかし，新しい技術であるため，本書では触れない．

1.2 関数の最大と最小値

これまで数理計画法の教育は，線形計画法の計算方法である単体法を教えることにその中心があった．しかし，そのような解法の理解よりも，ここで解説する高校数学の基本の理解が重要である．

（1） 定義域と値域

最初に1次式 $y = ax+b$ の最大/最小値問題を考えてみよう．例えば，$y = 2x+1$ を考える．x の動く範囲(定義域)を実数全体($-\infty < x < \infty$)とすれば，y のとる範囲(値域という)も実数全体($-\infty < y < \infty$)になる．しかし，現実問題の多くは資源制約，資金制約，労働制約などの各種の制約の範囲内で，利益や売上や視聴率の最大化，材料費の最小化を計りたいわけである．

（2） $y = 2x+1$ の最大値と最小値

1次式($y = 2x+1$)をグラフで表すと直線になる．例えば定義域を $1 \leq x \leq 3$ にすると，図1.1のような線分になる．このとき，関数 y の値は，3から7の間にある．すなわち，最大値は $x = 3$ で $y = 7$ になる．最小値は $x = 1$ で $y = 3$ になる．定義域が有限で，関数 y が $(2x+1)$ のように x の線形の式で表される場合，最大と最小が必ず定義域の端に現れる．線形計画法はこの特徴を活かして，端点を移動してすばやく最適解を求める．これまで，この単体法と呼ぶアルゴリズムを教えることが，数理計画法の授業の中心であった．**本書は，数**

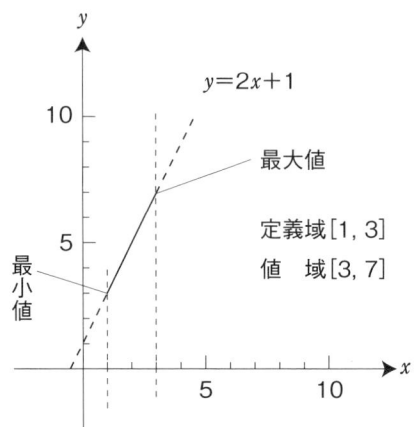

図 1.1 最大と最小は端に表れる

理計画法ソフトで現実の問題を解決する楽しみを教えたい．

　本書のテーマである数理計画法では，同じ用語を次のように読み替えている．x は「変数」あるいは「決定変数」(Decision Variable)，定義域のことを「実行可能領域」，そして関数 y のことを「目的関数」といっている．

　数理計画法の教科書では一般に次式のように記述する．制約式は全て AND 条件であり，制約式の表す共通集合が実行可能領域になる．

　　　$MAX = 2x+1$

　　　$x \geq 1, \quad x \leq 3$

本書で解説する「魔法の学問」の決め手である LINGO では，加減乗除とべき乗は「＋，－，＊，／，＾」を用い，目的関数や制約式の終わりは「；」で区切り，不等号の「≦」は「＜（または＜＝）」で，「≧」は「＞（または＞＝）」で表すことにする．すなわち，等号を省いても LINGO では等号をつけ加えて計算してくれる．LINGO の入力モデルは，次式のようになる．

　　MAX=2*X+1；
　　X>1； X<3；　（あるいは X>=1； X<=3；）

1.2 関数の最大と最小値

以上のモデルを図 1.2 の LINGO の「モデル作成画面」に入力する．そして，メニューから［LINGO］→［Solve］を選ぶか，アイコン ◉ をクリックするだけで，図 1.3 の LINGO の解を表示する「Solution Report 画面」と解の状態を示す「Solver Status 画面」が表示される．一部の大きなモデルはファイルにしてあるのでそれを日科技連出版社の HP からダウンロードした後，そのファイルを［File］→［Open］で入力すれば，モデル画面に表示される．そして，実行ボタンを押せば，解を表示する画面と，解の状態を示す画面が現れる．いたって簡単で，読者は拍子抜けするであろう．多分，Windows ソフトの中でも利用法が最も簡単なソフトの一つと思う．

そこで本書では，LINGO の操作法に関する記述は最小限にとどめ，問題解決学を集中して学ぶことにする．

Solution Report で注意すべきは，必ず最初の行に「**Global optimal solution found**（大域的最適解あり）」または「**Local optimal solution found**（局所最適解あり）」のメッセージがあるかどうかを確認することである．これらが出ていれば，計算が正常に行われたことを示す．「**Unbounded solution**」であれば，制約条件が緩くて最大問題であれば $+\infty$ に，最小化問題であれば $-\infty$ になることを意味する．また，「**No feasible solution found**」であれば，実行可能解がなく，計算の途中経過が表示され計算が停止する．

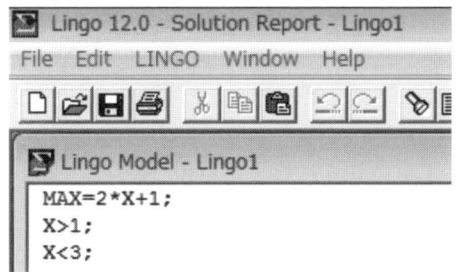

図 1.2　LINGO のモデル作成画面（＝を省いても LINGO は ＞＝あるいは＜＝と解釈する）

8 第 1 章 魔法の学問による問題解決学

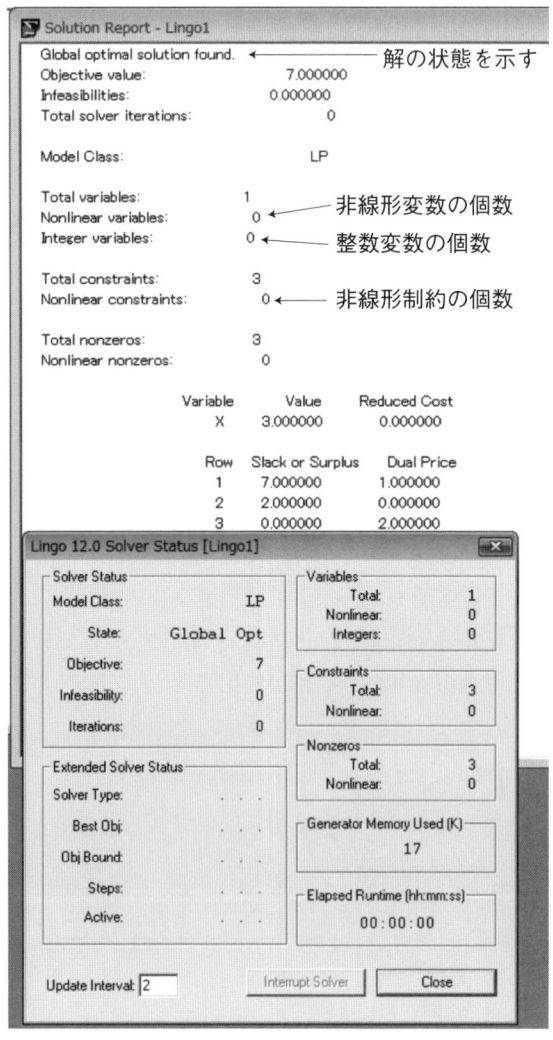

図 1.3 LINGO の Solution Report 画面と Solver Status 画面

今回のように計算が正常な場合には，Xの値が3で目的関数(Objective value)の値が7と表示される．この他，Xの減少費用(Reduced Cost)と，目的関数(Rowの1)と，制約式(Rowの2はX≧1，Rowの3はX≦3)のスラックあるいはサープラス(Slack or Surplus)と，双対価格(Dual Price)という重要な情報が出力される．これは，第3章で説明する．

Solver Status画面では，解の状態や計算時間を示す情報が表示される．すなわちモデルはLPで，目的関数の大域的最適解(最大値)は7で，計算時間は0(00:00:00)秒である．

(3) 2次式

関数 $y = f(x) = ax^2 + bx + c$ のように，x を入力すると x^2 が最高次の項として出力されるものを2次式という．2次式は，物理学では放物線を表す数式モデルになっている．例えば，$a = 1$，$b = -2$，$c = 0$ とした式(1.1)を考えてみよう．

$$y = x^2 - 2x = x(x-2) = (x-1)^2 - 1 \cdots\cdots\cdots\cdots\cdots\cdots\cdots\cdots (1.1)$$

この2次式は図1.4のような $x = 1$ で $y = -1$ が最小値になる下に凸の放物

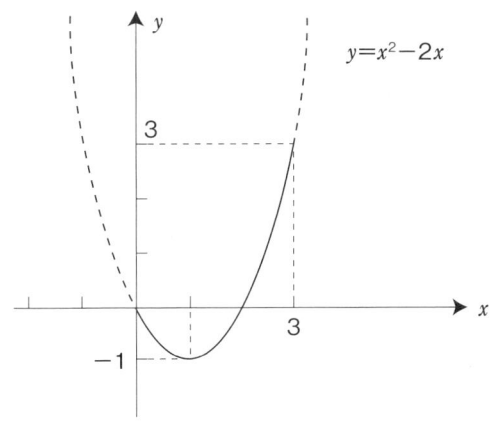

図1.4　2次式のグラフ

線になる．定義域は $-\infty < x < \infty$ であるが，値域は $-1 \leq y$ になる．上に凸の放物線であれば，最小値に変わって，最大値が存在する．関数 y が1次式の場合と異なり，最小値(最大値)は必ずしも定義域の端(端点)で現れない点が異なっている．

1次式や2次式の最大値や最小値は，グラフで表すことで簡単にわかる．しかし，もっと複雑な関数となると図では理解できない．そこで，極大値／極小値(極値という)を求める一般的な方法が微分である．微分は，数理計画法の理解に直接関係ないが，最大や最小と関連の深い極値を扱う一般的な方法なので簡単に解説する．式(1.1)を x で微分する(y' の代わりに dy/dx でもよい)．
$$y' = 2x - 2$$
$y' = 0$ となるのは $x = 1$ である．すなわち $y'(1) = 2 - 2 = 0$, $y(1) = 1 - 2 = -1$ である．この点 $(1, -1)$ で接線の傾きは 0，すなわち水平になるので極値をとることがわかる．極大値になるか極小値になるかは，y' をもう一度微分した2階微分 $y'' = 2$ の正負で決めることができる．正であれば極小値になり，負であれば極大値になる．この場合は 2 で正なので極小値になる．x に 0 を入れると $y'(0) = -2$ になるが，これは点 $(0, 0)$ でこの2次式の接線の傾きが -2 であることを表す．すなわち，点 $(0, 0)$ でこの2次式の接線は $y = -2x$ になる．

さて，定義域を $0 \leq x \leq 3$ とすれば2次式(1.1)は図1.4のように実線に制限され，端点 $(3, 3)$ で最大値，端点でない $(1, -1)$ で最小値になる．すなわち，値域は $[-1, 3]$ になる．

これを LINGO のモデルで表すと，左が最小化モデル，右が最大化モデルになる．「^」はべき乗を表す．

```
MIN=X^2-2*X;      MAX=X^2-2*X;
X>0; X<3;         X>0; X<3;
```

このように，目的関数が2次式のものを，2次計画法(QP)という．これが，ノーベル経済学賞をとった「ポートフォリオ分析」(第6章)のモデルになっている．また，回帰分析の最小二乗法(9.2節)のモデルにもなる．

(4) n 次方程式

入力変数 x に対し，出力に最高次の項 x^n が表れるものを，n 次の多項式という．ここで $n = 3$，すなわち 3 次の多項式を考えてみよう．

$$y = f(x) = ax^3 + bx^2 + cx + d$$

さて，$a = 1$，$b = 0$，$c = -1$，$d = 0$ である次の 3 次多項式 (3 次関数) を考える．

$$y = x^3 - x = x(x+1)(x-1) \quad \cdots\cdots\cdots\cdots\cdots\cdots\cdots\cdots (1.2)$$

これを微分すると，次のようになる．

$$y' = 3x^2 - 1$$

これが 0 になるのは $x = \pm 1/\sqrt{3}$ であり，この 2 点で接線は水平になる．$x < -1/\sqrt{3}$ を満たす任意の点 $x = -2$ では，$y' = 3(-2)^2 - 1 = 11 > 0$ となるので，この区間での接線の傾きは正になる．そこで，y' を「＋」と表記し，y は増加傾向を示す記号の「↗」で表す．$-1/\sqrt{3} < x < 1/\sqrt{3}$ を満たす任意の点 $x = 0$ では，$y' = -1 < 0$ になるので，y' は「－」と表し，y は減少傾向を表す「↘」で表す．$1/\sqrt{3} < x$ である任意の点 $x = 2$ では $y' = 11 > 0$ になるので，y' は「＋」と表し，y は増加傾向を表す記号「↗」で表す．以上をまとめて，表 1.1 のような増減表を作る．

この 3 次式は，図 1.5 のように表される．定義域は $-\infty < x < \infty$ で，値域も $-\infty < y < \infty$ であるが，$x = -1/\sqrt{3}$ で山の頂上，$x = 1/\sqrt{3}$ で谷底になる．山の頂上のように，その点の周りを見渡しても，それより大きな値がない場合を「極大値」という．ただし，例えば $x = 2$ で $y = 6$ になるので，$x = -1/\sqrt{3}$ は最大値ではない．$x = 1/\sqrt{3}$ のように周りにその点より小さい値がない場合，

表 1.1　3 次関数の増減表

x	$\cdots$	$-1/\sqrt{3}$	$\cdots$	$1/\sqrt{3}$	$\cdots$
y'	＋	0	－	0	＋
y	↗	極大	↘	極小	↗

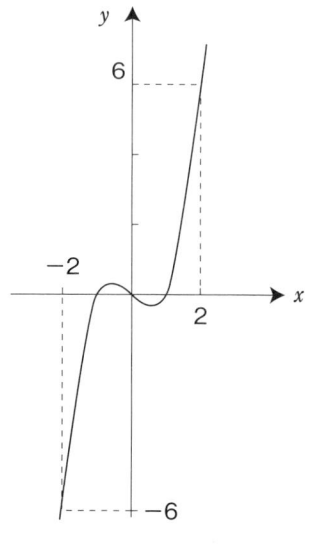

図1.5 3次関数

すなわち谷底の状態を「極小値」という．例えば $x=-2$ で $y=-6$ になるので，この点は最小値ではない．これらを併せて極値という．

すなわち，この3次式には最大や最小値はないが(あるいは ∞ と $-\infty$)，極大値 $(-1/\sqrt{3}, 2\sqrt{3/9})$ と極小値 $(1/\sqrt{3}, -2\sqrt{3/9})$ が存在する．しかし，定義域を $0 \leq x \leq 2$ とすれば， $x=1/\sqrt{3}$ は極小値であり最小値でもある． $x=2$ で最大値6が求められる．これをLINGOでモデル化すると左が最小化，右が最大化モデルになる．

```
MIN=X^3-X;      MAX=X^3-X;
X>0; X<2;       X>0; X<2;
```

目的関数や制約式が1次式で表されないものを，一般に非線形計画法(NLP)といっている．簡単な非線形問題では極大値や極小値は容易に求まるが，それが最大値か最小値かの判断が難しい点が非線形計画法のこれまでの悩ましい問題であった．**極値から最大値と最小値を探すことを大域的探索**と呼

んでいる．これが商用ソフトでできるようになったのは，2000年以降である．また得られた大域的最適解は，最大値あるいは最小値を意味する．

1.3　領域の最大／最小問題

(1)　数理計画法は高校数学のテーマである

高校の「数学Ⅱ」は，文科系の受験生も2年生で履修することになっている．ただし，かなりの高校生が「数学Ⅰ」しか学習していないようである．その中で，領域の最大／最小という次のような問題がある（戸田宏編，『最新数学Ⅱ』，啓林館を一部修正）．

> （設問1）　連立不等式 $x \leq 5$, $x+y \leq 10$, $x+2y \leq 16$, $x \geq 0$, $y \geq 0$ の表す領域Dを図示し，点(x, y)がこの領域を動くとき$2x+3y$の最大値と最小値を求めよ．

みなさんも，高校生に立ち戻ってチャレンジしてほしい．実は，この問題が本書のテーマである数理計画法の代表であるLPの理論（単体法）そのものなのである．数学は，一般的にいって，「役に立たない」，「難しい」といったイメージがある．これにも一理ある．数学者は，できるだけ一般化や抽象化することを好む人種である．このため，どんな分野に応用できるかの説明を欠いてきたことが大きな問題であろう．

「数理計画法」は"Mathematical Programming"の訳で，現実の問題を数式でモデル化し（Mathematical），計画を立てる学問（Programming）である．領域の最大／最小問題は，数理計画法という現実に役立ち，学問としても面白く重要な問題を，高校数学では味も素っ気もない「領域の最大／最小問題」としているだけだ．考えてもみてほしい．この設問1は連立方程式だけ，すなわち四則演算が理解できればそれで十分理解できる内容である．それだけで，人間社会のかなり多くの問題を理解し，計画を立てる新しい力を与えてくれる．

(2) 設問1の解答

設問1の解答は，次のようなものである．求める領域Dは，原点O(0, 0)，点A(5, 0)，B(5, 5)，C(4, 6)，D(0, 8)を頂点とする五角形OABCDの周及び内部である．つまり，境界を含む図1.6の斜線部分である．

今，$2x+3y = k$ とすると，$y = -2x/3 + k/3$ だから，これは，傾きが $-2/3$ でy切片が$k/3$の直線を表す．この直線が領域Dと共有点をもって動くとき，kの値，つまりy切片が最大になるのは，直線が点C(4, 6)を通るときで，このとき，$k = 2 \times 4 + 3 \times 6 = 26$ となる．したがって，$2x+3y$の最大値は26である．この他，5角形の全ての頂点の値を目的関数に代入し，最大値を求める「総当り法」もある．

この問題をLINGOのモデルに変えてみると次のようになる．

```
MAX=2*X+3*Y;
X<5; X+Y<10; X+2*Y<16;     ただし，X ≧ 0, Y ≧ 0
```

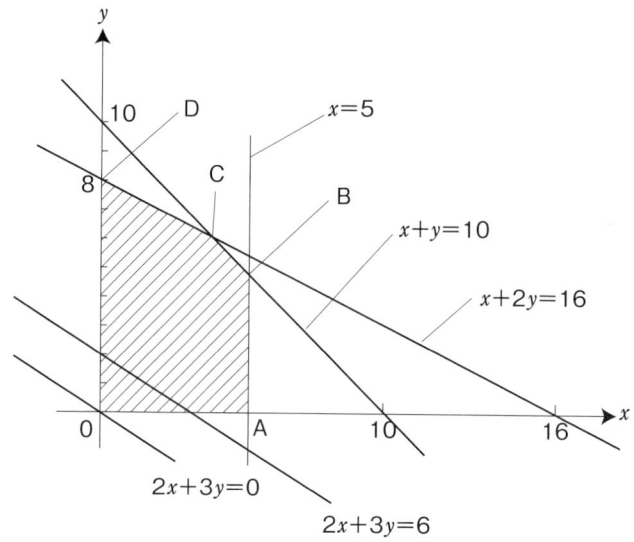

図1.6　領域の最大／最小問題の図による解

数理計画法では，$x \geqq 0$, $y \geqq 0$ のように決定変数の非負条件は前提とするので，モデルに入れる必要はない．

1.4　現実への適用

(1)　PCの生産計画

さて，1.3節で解説した問題は現実にどのように利用されるのであろうか．まず不等式を表す変数 x と y について考えてみる．変数(Variable)とは，値が変わりうるもので，数学では x, y, z などのアルファベット記号を使って表す．

話を簡単にするために，筐体とハードディスクの2つの部品から作られているPCを自宅で組立，販売するとしよう．標準PCは，1つの筐体と1つのハードディスクから作られる．高級PCは，1つの筐体と2つのハードディスクから作られる．

今，資金繰りの関係から，筐体は10個，ハードディスクは15個しか購入できない．そして，標準PCは10万円で，高級PCは15万円で販売するものとする．このとき売上を最大化したいと思うのは人情である．そこで，標準PCと高級PCをそれぞれ何台作るかが経営上の問題になってくる．

(2)　LPモデルの定式化

まず，決めたい生産台数を記号 S と D を用いた決定変数で表す．すなわち，標準PCを S 台，高級PCを D 台作ることにする．決定変数 S と D を用いることで，具体的に5台とか10台という台数が決まらなくても，売上額を求める式がわかる．すなわち，売上額は $(10S+15D)$ 万円になる．今，この売上額を最大にしたい．

数理計画法では，この1次式 $(10S+15D)$ を目的関数といい，それを最大化するのでLINGOのモデルでは次のように表す．

```
MAX=10*S+15*D;
```

しかし，この売上高は無限にできない．それは，PCを生産するための部品

在庫の制約を受けるからである．今の場合，筐体が10個，ハードディスクが15個という部品の手持在庫によって生産計画が制約されるわけだ．

標準PCをS台作るには，筐体はS個必要である．高級PCをD台作るには，筐体はD個必要になる．そして，結局$(S+D)$個の筐体が必要になる．今，筐体の在庫は10個しかないので，$(S+D)$は10個以下でなければならない．これを表すのが，次の不等式である．左辺は筐体の「使用台数」であり，右辺は筐体の「在庫数」である．

$$S+D \leq 10$$

すなわち不等式は，生産活動においては，部品や資金や労働可能な資源の制約を表すのに用いられる．この意味で，数理計画法では制約式と呼んでいる．同様にして，ハードディスクの制約式は$(S+2D \leq 15)$になる．このほか，生産台数は負にならないので，決定変数のSとDに非負の制約条件$(S \geq 0, D \geq 0)$が数理計画法ソフトの内部で自動的に付加される．

以上をLINGOのモデルでまとめれば，次のように表される．

MAX=10*S+15*D;
S+D<10; S+2*D<15;　　ただし，S≧0, D≧0

（3）ゆとり教育について

SとDをxとyに読み替えれば，$x \geq 0$, $y \geq 0$, $x+y \leq 10$, $x+2y \leq 15$を満たす領域で，$10x+15y$を最大にする値を求めよという1.3節の領域の最大／最小と同じ問題になる．というよりも，本節(1)項の領域の最大問題は「製品組立」，すなわち部品の在庫制約から最終製品の生産台数を決める問題を抽象化したに過ぎない．

このように領域の最大／最小問題として味も素っ気もない形で教えられれば，興味を覚える学生も少なくなるのは当然であろう．ゆとり教育で創造性ある能力を養うためには，多くの人が興味のある，現実の応用例にまで踏み込んで，わかりやすく教えることが重要ではなかろうか．

今日の数学教育の受難は，近日出男・曽野綾子の有名作家夫妻の『難しい数

学なんて人生で役に立たない』に代表される数学無用論に端を発するようだ．芸術家のように一芸に秀でた人には数学は一生必要ないかもしれない．しかし，井上靖の『敦煌』にさえ王女が城壁から放物線を描いて身を投げる感動的なシーンが出てくる．それが何だといわれればそれ以上反論できないが，2次式で表される放物線を知っていればその場面が臨場感をもって体験できる．

また，製造に携わらない人でも，製品の組立加工に代表される製造業の重要な一面を数理計画法で簡単に理解できることは，人間社会の一員である限り不用とはいえまい．小説は直接的な利益を追求しない最たるものである．その小説家の考えが，日本の教育に与えた影響はあまりにも大きい．

「最近の学生は，理数系の学問について来られない」というのは，教育者ではなく評論家の言である．そのようにしたのは，作家夫妻に迎合したわれわれ大人の世代の責任である．しかし好都合なことに，この難しい理数系の学問が，使いやすいソフトによって実際の問題を解いて解決できることが可能になった．これによって，理数系の能力がたとえ弱い学生であっても，正しくソフトウエアを使いこなすことができれば，現実の問題が解決できるという逆転劇が可能になった．統計から始まって，数理計画法や数学を「**問題解決のための 21 世紀の一般教養にしたい**」というのが筆者の人生の最後の使命であると思っている．

(4) 柔らか頭をもとう

前述の PC の生産計画に関しては，現実と照らし合わせるといろいろと疑問が出てくる．例えば，「企業にとっては売上高よりも利益が重要ではないのか？」ということである．バブル以前は，オールドエコノミーに属する企業の多くは，業界内のシェア，すなわち売上を重視したものである．これに対し，バブル後不況になり，同一業種内で勝ち組み，負け組みが明らかになるにつれて利益が重視されるようになった．PC の売上げを PC の利益に置きかえた場合，標準 PC と高級 PC の利益を 1 万円と 1.5 万円とすれば，目的関数を単に $(S+1.5D)$ と変更するだけでよい．制約式は変更する必要はない．

最近の学生は，製造業よりもサービス業になじみがあるようだ．その理由はいくつかある．製造業は額に汗してダサイ，それに比べてサービス業はなんとなくファッショナブルであるという世間知らずの思い込みがある．またアルバイトでなじみがある，などである．しかしデフレ経済化における一部の勝ち組みと考えられた日本マクドナルド㈱も，2003年後半には経営悪化の責任を取り，伝説の経営者の藤田田氏が退任することになった．社会経験の浅い学生は，外食産業全般は，意外と労働がきつく給与水準が低いことを知らない．

それでも製造業の問題だと興味が沸かないのであれば，この問題を学生に人気のあるハンバーガーチェーンに置き換えて考えてみよう．これはハンバーガーチェーンに限らず，工場で食材を加工し，店で組立加工するチェーン・レストラン全般に普遍化できる．

例えば，標準ハンバーガー(S)は1枚のチーズと1枚の肉パテから作られる．高級ハンバーガー(D)は1枚のチーズと2枚の肉パテから作られる．チーズの在庫は10(単位千枚)で肉パテは15の在庫があり，標準ハンバーガーは10円の利益，高級ハンバーガーは15円の利益がある．この問題は決定変数のSとDをPCからハンバーガーに読み替えただけで，同じ領域の最大／最小問題であることが容易にわかる．

すなわち数理計画法は，決定変数の意味を単に読み替えることで，いろいろな分野で利用できる．これは入力形式が一種類で単純なのに，いろいろな分野に応用できる**魔法の秘密**の一つである．また，部品を組み合わせて最終製品を作る問題であれば，全てこのモデルを雛型にして修正すればよい．雛型モデルは，これまでの人類の天才や秀才が開発してきた．後で解説するノーベル経済学賞を受賞したポートフォリオ分析モデルは，自分で考え出すことは難しいが，理解し，利用することは簡単である．

1.5 LINGOのインストールと利用

(1) LINGOの入手方法

LINGOの入手方法はいろいろある．LINDO Systems Inc.のHPから評価版をダウンロードできるが，英語で登録する必要がある．ここで紹介できない数多くの雛型モデルなどの情報は登録なしでダウンロードできる．

LINDO JapanのHPにも各種情報があるが，評価版は今のところダウンロードできない．ユーザー登録すれば，L. Schrage教授のこれまで有償で販売されていた解説書の翻訳やマニュアルの日本語版などがダウンロードできる．

みなさんは日科技連出版社のHPからダウンロードするのが一番簡単であろう．

『ExcelとLINGOで学ぶ数理計画法』（丸善，2007）には，LINGO，ExcelのアドインのWhat'sBest!，LINDO APIの評価版，マニュアル，雛型モデルなどを収録したCDが付いている．DEAでは，クロス効率値を統計ソフトのJMPで分析している．JMPに関しては，巻末の参考文献 [5] に2020年まで利用できる評価版をつけてあるが，稼働OSに注意してほしい．また，JMP事業部のHPから評価版がダウンロードできる．しかし，統計の部分は実際に統計ソフトを使って学習しないで本書の紙面だけで理解するにとどめる方がよいかもしれない．

LINDO Systems Inc.	：http://www.lindo.com/
LINDO Japan	：http://www.lindo.jp/
筆者のHP	：http://sun.econ.seikei.ac.jp/~shinmura/
日科技連出版社	：http://www.juse-p.co.jp/
SAS Institule Japan㈱JMPジャパン事業部	
	：http://www.jmp.com/japan/

(2) インストール方法

LINGOは圧縮ファイルで提供される．Windows版以外を入手したい場合

は，LINDO Systems Inc. の HP からみなさんの責任で行ってほしい．ダウンロードしたファイルをダブルクリックすれば解凍される．途中で「LINGO Setup 画面」で「LINGO」を選んで「OK」することでインストールが継続する．最後に Finish ボタンを押すと「LINDO Systems Product Registration 画面」か「LINGO License Key 画面」のいずれかが現れる．後者の場合，Demo ボタンをクリックすることで完了する．ただし，この説明で不十分な場合は LINDO Japan の HP に絵入りで解説してあるので参考にしてほしい．

LINGO を立ち上げると，図 1.7 の「LINGO Model 画面」が表示される．[File]→[License] で「License Key」画面が表示できる．評価版は Demo ボタンをクリックすればよい．商用版は LINDO Japan から送られてくるライセ

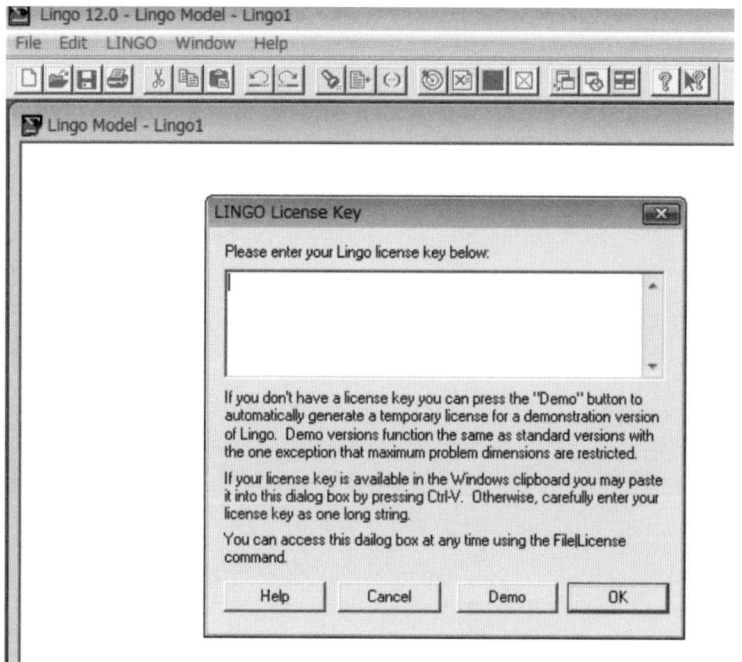

図 1.7　LINGO Model 画面

1.5 LINGO のインストールと利用

ンス・キーを空欄に貼り付け，OK すれば商用版になる．

(3) 利用法

LINGO の利用は極めて簡単である．「LINGO Model 画面」に直接モデル式を入力するか，すでに作成してあるモデルのファイルを [File]→[Open] で入力すればよい．図 1.8 は，第 2 章の筐体の設計モデルである．順不同であるが，最初は目的関数の最小化(MIN =)か最大化(MAX =)を指定し，「；」で締めくくる．それ以降が制約条件である．目的関数を指定しなければ，単に非線形連立不等式の解が求まる．@ で始まる「@ GIN( )」は LINGO で利用できる関数である．

メニューの 3 番目の [LINGO]→[Solve] あるいは射的のアイコン◎を押すことで図 1.9 の結果(Solution Report)と分析結果の状態(Solver Status)が出力される．

「Solution Report」は，数理計画法の出力結果である．みなさんはここに表示される数字を正しく読み取ることができれば，数々の問題が解決できる．「Solver Status」はモデルのサイズや計算時間そして解の状態が出力される．Solver Status 内の「State：」の Global Opt は大域的最適解が得られたことを示している．

みなさんに薦めたいのは，LINGO プログラムのある LINGO フォルダー内の Samples フォルダーに収録されている雛型モデルをマスターすることである．そして，次に『Excel と LINGO で学ぶ数理計画法』(丸善，2007)の CD にあるほぼ数理計画法の全ての分野を網羅した雛型モデル(LINDO Systems Inc. の HP にも掲載してある)を理解すれば，問題解決に役立つであろう．

LINGO は，芸術的な数理計画法モデルをたくさん準備している．

(4) 重要なオプション

「LINGO Model 画面」で [LINGO]→[Genarate]→[Display model] を指定すると，後で紹介する集合表記の汎用モデルが普通の自然表記のモデルに変換

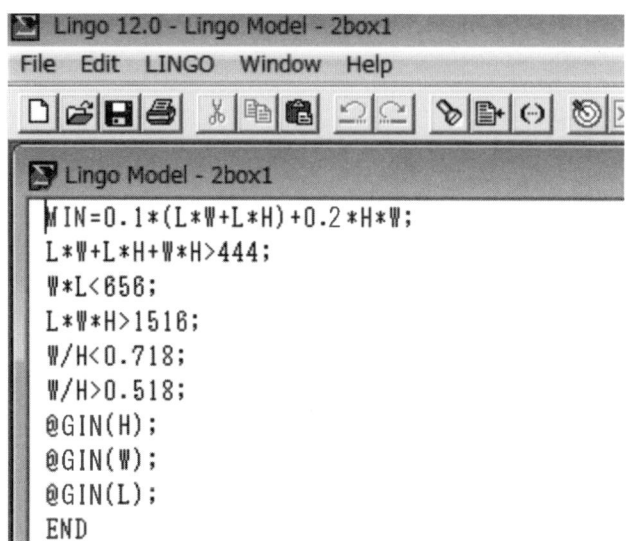

図1.8　第2章の筐体の設計モデル

され，内容を理解しやすくなる．

[LINGO]→[Options] を指定すれば，数理計画法の種々の設定ができる．みなさんは，Global Solver オプションの指定以外は，デフォルトで十分である．

[LINGO]→[Debug] を指定すれば，作成したモデルに問題がある場合，問題点を指摘してくれる．

[LINGO]→[Range] を指定すれば，範囲分析[2]の情報が出力される．

[Edit]→[Match Parenthesis] を指定すれば，読者が間違いやすい左括弧と右括弧の未対応箇所がわかる．

[Edit]→[Paste Function] を指定すれば，LINGO で使用できる豊富な関数が利用できる．

[Help]→[Help Topics] を指定すれば，LINGO の利用法がわかる．

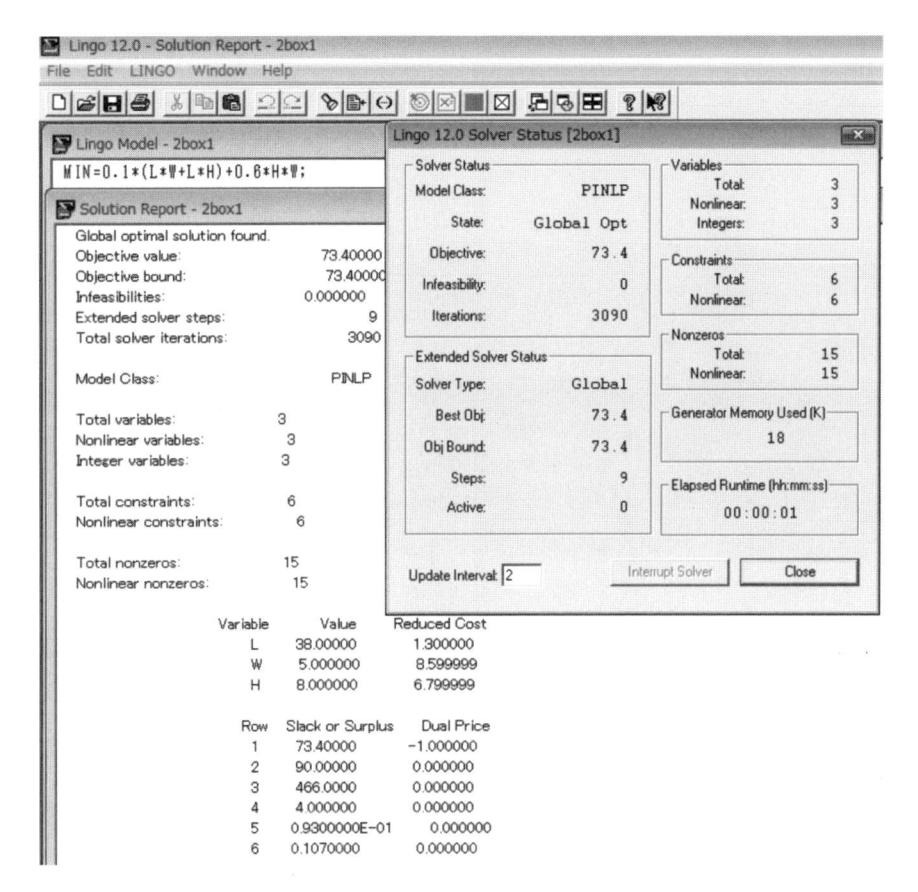

図 1.9　出力結果

1.6　まとめ

　高校数学では，1年生から3年生まで段階を追って種々の関数の微分が紹介される．それが高校数学の中核である．しかし，少し複雑な関数になれば，数値微分に頼らざるを得ない．それよりももっと深刻なことは，微分は極大値と極小値を求めるにすぎない．実際の問題では，関数の最大あるいは最小値が重

要である．

> 最大／最小と極大／極小の違いの理解は，NLPで重要な概念である．
> 　最大値は，値域で一番大きい値
> 　最小値は，値域で一番小さい値
> 　極大値は，その値の周りにそれより大きな値がない場合
> 　極小値は，その値の周りにそれより小さな値がない場合

　筆者が周囲の研究者に，「微分なんてそんなに力を入れて高校数学で取り上げるべきではない」と問題を投げかけると，「微分は体系化されて美しい」という答えが返ってくる．筆者自身もこの考えに突き動かされ，数学者になろうと思った．しかしこの考えは，すぐに応用のできない数学分野の最先端を研究する数学者にとっての精神安定剤にしかならないのではないだろうか．
　高校数学の使命は，多くの学生が社会に出てすぐに役立つ問題解決の実学の基礎学力としてとらえるべきである．べき乗計算は，社会に出た多くの人にとって最も重要な複利計算の基礎である．また，等比級数の和から簡単にローンの計算式が求まるのに，それを教えないのはどうしたことであろう．
　そして，本章で紹介したように1次関数から3次関数で，最大／最小と極大／極小を理解した後，「領域の最大／最小」が線形計画法の理論を図式化したものであることを教えるべきである．従来，数理計画法の授業でこの解法アルゴリズムの単体法（シンプレックス法）を教えることが授業の中心であった．しかし，ソフトが発達した現在，数理計画法ソフトを使えばPCが簡単に答えを出してくれることを授業で教えることに何の意味があるのだろうか．かつて工学部や経済学部では，数理計画法が必修であった．しかし，単位を取って社会で役立てた卒業生は皆無である．
　数理計画法の研究者以外は，数理計画法ソフトで現実の問題を解決できる能力を身につけよう．数理計画法で簡単に解決できる問題を，LINGOを用いることを知らないことで無駄な汗を流すことははばかげている．

世の中の解決すべき問題は，数式で表せないものが圧倒的に多い．それらの問題の解決に私達の知恵と貴重な時間を割くべきであろう．

第2章 非線形モデルと大域的最適解

　筆者が京都大学の理学部で「線形代数」に頭を悩ませていたころ，1年下の矢野環君(現，同志社大学教授)が『Non Linear Algebra』の原書を読んでいたので驚いた．筆者が線形でも手一杯なのに，後輩は非線形の世界に遊んでいて負けたと思った．

　しかし筆者は，社会人になって統計の世界の非線形回帰分析や数理計画法の非線形最適化などを自然な形で受け入れられるようになった．世の中の現象は，大概は非線形現象である．その解を求める場合，ソフトウエアの能力が低い場合は線形で近似しなければ困難なことが多いという単純なことに気がつかなかった．そして，統計ソフトの機能が改善され，非線形回帰モデルが線形回帰モデルと等しく簡単に解けるようになって，筆者も線形と非線形の間を自由に浮遊できるようになった．

　一方，数理計画法の世界では，非線形計画法(Non Linear Programming, NLP)は線形計画法のように使いやすいものではなかった．それがようやくLINGOの8版以降で格段に使いやすくなった．例えば，NLPの大家らの著である『GINOによるモデリングと最適化』(共立出版)[1]を見れば，GINO[†]で扱えた非線形の世界がいかに幼稚であったかがわかる．ただし，在庫，待ち行列，ネットワーク，市場経済モデル，化学装置産業の最適操業などが丁寧に解説されている．みなさんも，LPやNLPの違いを気にすることなく，これらの

[†] LINDOとGINOはLINDO Systems Inc.の1番目と2番目の製品であるが，LINGOの開発で生産停止した．現在は，LINGOのほか，ExcelのアドインのWhat'sBest![17]とLINDO APIという最適化ライブラリーの3製品である．

間を自由に浮遊してみるとよい.

2.1 非線形最適化と大域的最適解

　本書で非線形最適化モデルから解説することは，これまでの常識では考えられないことである．通常は，LP，QP，IP，NLP，確率計画法(SP)のようにアルゴリズムの容易さの順で解説するのが一般的であろう．しかし，多くの読者は数理計画法のアルゴリズムの理解は不要であり，実際の問題を解くことが重要である．この場合は，これらの解法の特徴さえ抑えておけば，解法をことさら意識する必要はない.

　一般に，世の中の最適化したい現象は非線形な連立方程式で記述できる．これまでソフトウエアやコンピュータの能力が強力でなかったため，計算が容易なLPモデルに近似(置き換えて)して扱う必要があった．もし現象をうまく線形モデルで近似できれば，現在でも線形モデルとして扱う方がよい.

　しかし，非線形でしか記述できない問題もある．この場合は，気楽にNLPとして扱えばよい．NLPで気をつけることは，得られた解が一般的にいって「局所最適解(極値)」であって，「大域的最適解(最大値/最小値)」でないことを理解するだけである.

2.2 局所最適解と大域的最適解

　LPモデルで解が見つかった場合，第1章で解説した通り，それは間違いなく大域的最適解(global optimum)，すなわち最大/最小値である．これは，非線形モデルの場合には当てはまらない．非線形モデルは，局所最適解と呼ばれる解がいくつかあり，それは近くにそれ以上の良い実行可能解がないということを示すにすぎない．大域的最適解は，実行可能解の中で一番良い解である．これまでの非線形モデルでは，単に局所最適解が見つかるだけで，大域的最適解でなかったことに注意すべきである.

2.2 局所最適解と大域的最適解

図 2.1 で表される $y = f(x) = x \times \sin(\pi \times x)$ というモデルを，x の定義域 $[0, 6]$ で考える．最小値を探す場合，初歩的な数理計画法ソフトは初期値の状態によって x の局所最適解として 0，1.564，3.529，5.518 のいずれかを見つける．すなわち，初期値に一番近い局所最適解を見つけ，それ以上の改善ができなかった．この場合，5.518 が大域的最適解(最小値)になる．

このグラフを一連の丘と考えよう．みなさんは，真っ暗な中，最も標高が低いところを探す．探索を $x = 3$ から始めた場合，左へ進む一歩一歩は上り坂である．右へ進むと下り坂となる．したがって，低い点を探すために右へ進む．みなさんは，この坂が下っている限り右方向へ進む．$x = 3.529$ に到達すると，小さな平坦な場所に出る(傾斜が 0 の場所)．そして，右に行き続けると上り坂になる．左へ戻ると下ってきた坂をまた上る．現在すぐそばに見つかる範囲で一番低いところ(局所的に最も低い地点)にいる．それは果たして一番標高の低いところなのだろうか．暗闇の中では判断がつかない．これまでのソフトは，このような状態であった．

これまでの非線形ソルバーは，初期値に一番近い局所最適解を探して終了す

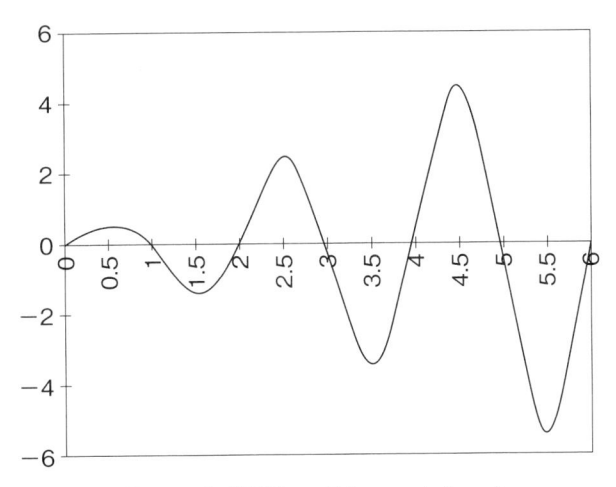

図 2.1 合成関数 $y = f(x) = x \times \sin(\pi \times x)$

る．そこで初期値をいろいろ変えることで，大域的最適解の探索を行ってきた．初期値を変えて何回か解いてみて，より良い解を見つけ，大域的最適解であってほしいと祈るだけであった．しかし LINGO の 8 版から，大域的探索オプションで，大域的最適解を探すことが可能になった．

2.3　LINGO で解いてみよう

LINGO の自然表記でこのモデルを記述すると，次のようになる．INIT：と ENDINIT は，初期値 ($x = 0.1$) を定義する INIT 節（INIT：と ENDINIT の間で初期値を定義する）である．

```
MIN=X*@SIN(3.1415*X);
X<=6;
INIT: X=0.1;
ENDINIT
```

わざわざ初期値を $x = 0.1$ にして解いても，7 版以前の LINGO と異なり，初期値に最も近い局所最適解でない図 2.2 の $x = 5.518$ が出力される．このような簡単なモデルの場合，Global Solver のオプションを指定しなくても，大域的最適解が出力される．しかし，最初の行の表示に見るように「Local optimal solution found」ということで大域的最適解を保障していないので，みなさんはこれが真の大域的最適解かどうかわからない．メニューの [LINGO]→[Options] を指定し [Global Solver] タブの「Global Solver Options」[†]内の「Use Global Solver」にチェックを入れ，再度解を求めると大域的探索が行われ，「Global optimal solution found」というメッセージが出力され，大域的最適解であることが保障される．この保障ができるようになったのは，2000 年以降のことである．

[†] 評価版では Global Solver オプションは 5 変数，整数変数と非線形変数は 30 個に制限されていることに注意する．

```
Local optimal solution found.
Objective value :     -5.509345

Variable          Value           Reduced Cost
   X            5.518503            0.000000
  Row       Slack or Surplus       Dual Price
   1           -5.509345           -1.000000
   2            0.4814968           0.000000
```

図 2.2　LINGO の解

2.4　2 次計画法

　前掲の図 1.4 は，下に凸な 2 次関数である．目的関数が 2 次関数で，制約条件が線形制約の場合を 2 次計画法 (QP) という．この場合，LP と同じく局所最適解は大域的最適解であり，最小値を求めることができる．目的関数が 3 次関数以上か 2 次関数以下かで，複数の局所最適解があるか大域的最適解が 1 つあるかということが決まる．QP の例は，後でポートフォリオ分析と重回帰分析を解説する．

　幾何学的に，関数上もしくはそれよりも上の領域に含まれる 2 つの点を結ぶ直線が，全体的にその関数上もしくはそれよりも上の領域に含まれる場合，下に凸であると定義される．制約のない凸関数は，唯一の最小値をもち，初期値に関係なく大域的最適解が得られる．しかし，関数が凸状でない場合，複数の局所最適解があるため，求まった解は大域的最適解ではない．複数の変数をもつ関数の凸性の決定は容易でない．数学では，2 次微分の行列全てが正定値，あるいは正の固有値をもつ場合凸になる．そして，2 次微分の全てが非負なら凹である．凸と凹は逆向きの関係にある．

2.5 箱の設計

(1) 問題の概要

ある電機会社で，種々の部門の要求に合う製品の筐体(キャビネット)を，最小費用で設計したい．技術部門は，機器の熱を発散させるために少なくとも1516立方インチの体積をもち，888平方インチの表面が必要と考える．営業部門は，筐体の床面積が656平方インチ以下だと売れ行きが良いと考える．最後にデザイナーは，美的な要求から，縦横比が0.618 ± 0.1(0.518から0.718の間)であることを望んでいる．筐体製造に用いる金属板の費用は$\$0.05$/平方インチであり，前後のパネルに要求される人件費は$\$0.10$/平方インチである．

(2) LINGO のモデルと大域的最適化オプション

LINGOでモデル化する．筐体の横幅をW，奥行きをL，高さをHで表す．

```
MIN=0.1*(L*W+L*H)+0.2*H*W;
L*W+L*H+W*H>444;
W*L<656;
L*W*H>1516;
W/H<0.718;
W/H>0.518;
END
```

これを解くと，多くの数理計画法ソフトでは実行可能解がない(No feasible solution found)というメッセージが出されるかもしれない．LPの場合，制約式がきつすぎて実行可能領域が存在しないことを表すので，制約式を緩める必要がある．NLPの場合，実行可能解があっても，Hが0の間違った方向に探索した結果，0で割ってエラーのため，このメッセージが出る場合がある．

LINGOでは，この程度の問題は大域的探索を指定しなくても図2.3の解が求まる．ただし「Local optimal」の表示なので実際は大域的最適解であってもその事実がわからない．

```
Local optimal solution found.
Objective value :      51.01855
Model Class :     NLP

Variable          Value        Reduced Cost
       L       22.90530          0.000000
       W        6.893564         0.000000
       H        9.601064         0.000000
```

図2.3　箱の設計の出力

（3）　大域的探索機能がない場合の対応

　大域的探索機能がない場合の対応として，決定変数の初期値をいろいろ変えて検討する必要がある．また，モデルはできるだけ非線形性を減らす努力が必要である．このモデルの問題は，デザイナー要求の縦横比(W/H)をそのままモデルに取り込んでいる点である．これによってHが0の方に収束していくと，0で割ることでプログラムが停止するソフトもある．

　そこで，デザイナー要求は次のように簡単に線形不等式に変形する．すなわち，モデル作成に際してできるだけ非線形的な要素は避けるように努力すべきである．

```
MIN=0.1*(L*W+L*H)+0.2*H*W;
L*W+L*H+W*H>444;
W*L<656;
L*W*H>1516;
W<0.718*H;
W>0.518*H;
END
```

　このモデルを実行すると，エラーメッセージが出力される．Global Solverを利用すると大域的最適解が出力される．しかし，指定しない場合と同じ値であり，エラーメッセージの表示が少し厳しすぎるようだ．

(4) 非線形連立不等式の解

LINGO は，目的関数を指定しなければ，非線形連立不等式の解を一つ求めてくれる．目的関数の前に「！」を入れることでコメントになる．

!MIN=0.1*(L*W+L*H)+0.2*H*W;

これを解くと，次の図 2.4 の解が求まる．すなわち，LINGO は非線形の連立不等式の解を求めてくれる強力なソフトウエアである．ただし，連立不等式を満たす解は無数にあるので，答は図 2.4 とは異なったものが表示されることがある．

(5) 丸め解と整数計画法

さて，話を元に戻そう．実際に筐体を生産するため，整数解を求めたい．これまでは実数解を四捨五入し，$L = 23$，$W = 7$，$H = 10$ のような等式制約をモデルに追加して求まる丸め解でお茶を濁すことが多かった．この場合，最適解は 53.1 になる．

```
MIN=0.1*(L*W+L*H)+0.2*H*W;
L*W+L*H+W*H>444;
W*L<656;
L*W*H>1516;
W<0.718*H;
W>0.518*H;
@GIN(H); @GIN(W); @GIN(L);
END
```

```
Feasible solution found.

Variable          Value
    L          11.00000
    W          16.00000
    H          23.00000
```

図 2.4　非線形連立不等式の解

```
Global optimal solution found.
Objective value :      51.40000
Variable          Value        Reduced Cost
   L           22.00000         -0.5312501
   W            7.000000         0.000000
   H           10.00000         -0.2062501
```

図2.5 丸め解より良い整数解

しかし，@ GIN (General Integer) で決定変数を0以上の一般整数変数に指定できる．0/1 の2値の場合は@ BIN (Binary Integer) である．これによって図2.5のように丸め解より1.7だけ良い解が求まる．この違いが利益に大きく利いてくる場合は丸め解をやめ，整数解を求めるべきであろう．もっと複雑な非線形モデルで，整数解を得ることができるようになったのはごく最近のことである．

(6) 目標計画法

さて，製造費用は＄51.4で体積は22×7×10 = 1540立方インチであることがわかった．製造費用は＄51.4前後であれば多少の増減があってもよく，体積をできたら1300立方インチ前後に減らせないかという意見が出てきた．このように目的とする値を設定し，最適解を求める方法を目標計画法という．ただし，特別な解法があるわけではない．次のようにモデルを変更する．

```
COST=0.1*(L*W+L*H)+0.2*H*W;
VOLUME=L*W*H;
COST-51.4=CPLUS-CMINUS;
VOLUME-1300=VPLUS-VMINUS;
MIN=2*CPLUS+CMINUS+10*VPLUS+VMINUS;
L*W+L*H+W*H>444;
W*L<656;
```

```
!VOLUME>1516;
W<0.718*H;
W>0.518*H;
@GIN(H); @GIN(W); @GIN(L);
END
```

「COST − 51.4 = CPLUS − CMINUS；」は，費用は 51.4 より大きくなればプラスの偏差 CPLUS が，小さくなればマイナスの偏差 CMINUS が働く．同様に体積でも偏差を定義する．そして目的関数は，費用が上昇することは減少することよりも好ましくないので 2 のペナルティを，体積は 1300 に下げたいので VPLUS に 10 のペナルティをかけて解くことにする．これで図 2.6 の解が得られた．

結局費用は 51.4 のまま，体積を 1295 にすることができた．当然，VMINUS だけが 5 で残りの偏差は 0 である．

```
Global optimal solution found.
Objective value :     5.000000

  Variable        Value      Reduced Cost
      COST     51.40000         0.000000
         L     37.00000        -32.60001
         W     5.000000        -248.8000
         H     7.000000        -175.6000
    VOLUME     1295.000         0.000000
     CPLUS     0.000000         0.000000
    CMINUS     0.000000         3.000000
     VPLUS     0.000000         11.00000
    VMINUS     5.000000         0.000000
```

図 2.6　目標計画法

2.6 方程式の求解

次は,『パソコンらくらく数学』(講談社ブルーバックス)[18]で解説したローンの計算式である.10.7 節でも取り上げる.P はローンの総額である.a は例えば月次返済金額,i は月の金利,n は返済月数を表す.P は $P = f(a, i, n)$ のように他の変数 a, i, n の関数で明示的に表されるので,これらの値を代入すれば簡単にローン総額が Speakeasy や Excel で計算できる.同様に a や n も計算できる.しかし,i は $i = f(a, P, n)$ のような明示的な関数で簡単に表せない.このような暗示的な場合でも,LINGO は解を求めることができる.

例えば,ローンで 5000 万円借りたいとする.年金利 4%の月次均等払いで,20 万円以下の返済を考えた際,何カ月返済になるであろうか.この方程式は,$n = f(a, P, i)$ と他の変数による明示的な表記になっていないため多くの数学ソフトウエアで解くことは難しいが,LINGO でモデル化すると次のようになる.

```
MIN=N;
P=a*(1-(1+i)^(-n))/i;
P=5000;
a<=20;
i=0.04/12;
@GIN(n);
END
```

Objective value :	539.0000	
Variable	Value	Reduced Cost
N	539.0000	1.000000
P	5000.000	0.000000
A	19.99233	0.000000
I	0.3333333E-02	0.000000

図 2.7 ローンの返済年数の計算

解は図 2.7 の通りである．すなわち，539 カ月となり，約 45 年間の返済になる．一般の 30 年返済に従うとすれば，ボーナス返済の併用が必要になる．

難解な関数であっても，それを LINGO で定式化することは容易である．後は，解を求めるため [Solve] ボタンを押すだけである．

2.7 まとめ

本章では，非線形計画法における大域的最適解の探索を扱った．非線形関数の最大値／最小値を求める大域的最適解の探索技術は，商用ソフトで 2000 年以降初めて実現できた．これまで，数理計画法でこの技術が確立していなかったので，この事実を知らない専門家は極大／極小の世界でしか物事を考えていない．世の中の現象は，非線形な数式で記述されるものが多い．読者は，LP と区別することなくどんどん非線形の問題を解決してほしい．

便利なソフトを使いこなせる人と，理数系の能力があってもソフトを使いこなせない人とでは，実際の問題解決能力で大きな差がつく．試験の成績が悪いので点数に下駄をはかせてもらうことを期待するのは間違っている．能力が劣っているとわかっていれば，理数系の学問は便利なソフトを使いこなすことで，自分の劣った能力に自分の意思で下駄をはかせることが容易になった．また社会人になると，周りにわからないことを教えてくれる人が得にくくなる．その場合は，ソフトウエアを個人の家庭教師にする術を身につければよい．実は，これが私の革新的な勉強法である．

第3章 組立産業への応用

3.1 製品の組立

　製造業は大きく分けると，部品を組み立てて最終製品を作る「製品の組立(Discrete)産業」と，製鉄業や石油会社などの「装置(パイプライン，Continuous)産業」に分かれる．組立産業は，自動車，電気，機械産業に限らず，工場で製造された食材を店頭で調理するファースト・フード産業が考えられる．この種の数理計画法モデルは，全て製品組立という雛型モデルになる．

　しかし，ここで取り上げる雛型モデルを見て，自動車産業や電気産業にそのまま応用できるとは考えないでほしい．組立産業では，トヨタ自動車㈱のカンバン方式や Dell Inc. のように，工場の横に部品倉庫を造り，部品メーカの負担で在庫を切らさないようにする方が製造費用に大きな効果があるためである．実際問題として，製品の組立問題は製造装置とからめて，生産計画を作成するというような雛型モデルでなければ現実には応用されないであろう．しかし本書では，紙幅の都合で解説しない．

　本書で解説する製品組立は，①領域の最大問題そのものである．②製品組立問題は，装置産業の雛型モデルである配合問題と双対な関係にある．配合問題は鉄鋼業や石油産業を中心に今日でも数理計画法の大ユーザーである．③製品組立問題は，減少費用や双対価格といった重要な説明に適すること，などである．

3.2 パソコンの製造

(1) あなたはパソコンの生産者

今，みなさんはガレージ産業のオーナーであるとしよう．自宅で，奥さんと2種類のパソコン(PC)を作っている．標準 PC は，1個の標準筐体と1個のハードディスクから作られ，1台30(千円)の利益がある．高級 PC は，1個の高級筐体と2個のハードディスクから作られ，50(千円)の利益がある．このようなべらぼうな利益が現実的でないと考える方は，販売価格と読みかえればよい．これらの部品は，資金繰りの関係で，在庫が標準筐体60個，高級筐体50個，ハードディスク120個しかない．

経営上の問題は，現在の在庫部品数の制約のもとで，標準 PC と高級 PC を何台ずつ作れば，今月の利益が最大化されるかである．これらの決定変数を S と D で表す．

(2) 人生の分かれ目

このような小さな問題を，"教科書的な問題"という．このような問題に対して，みなさんの反応はきっと二通りに分かれるだろう．「全く現実と違ったばかげた問題だ」と考えるか，「現実の問題は，単に部品や製品の種類を増やすだけで，この問題を応用できる」と考えるかである．さらには，この単純な雛型モデルによって，組立問題や数理計画法一般に興味をもつか否かの人生の分かれ道になる．

3.3 LINGOによるモデル

(1) モデルと解

このモデルを LINGO で定式化するため ABC 分析を行う(Excel のアドインソフトの What'sBest! で提案されたアイデア)．問題は標準 PC を S 台，高級 PC を D 台生産し(Adjustable，すなわち最適化によって値の変わる決定変数

を決める),利益を最大化したい(目的関数を Best な状態にする).そして,その後で部品制約を考えればよい(Constraints, すなわち制約式を決める).これは,領域の最大問題そのものである.

LINGO のモデルは次の通りである.[ ] で目的関数と制約式に英数字のラベルをつけることができる.ただし数字で始まる場合は最初に「_」をつける.これを実行すると図 3.1 のように制約式にラベルがついた出力が得られる.

[_1] MAX=30*S+50*D;
[_2] S<60;
[_3] D<50;
[_4] S+2*D<120;

(2) 解の解釈

解の見方は簡単だ.制約条件 [_2], [_3], [_4] を満たす実行可能領域の範囲内で $S = 60$, $D = 30$, すなわち標準 PC を 60 台,高級 PC を 30 台作れば利益を最大化でき,3300 の最適解を得る.このモデルは LP モデルであり,Global Solver オプションを指定しなくても唯一の大域的最適解が得られる.

```
Global optimal solution found.
Objective value :      3300.000

Variable              Value       Reduced Cost
       S           60.00000           0.000000
       D           30.00000           0.000000
     Row      Slack or Surplus         Dual Price
      _1           3300.000           1.000000
      _2           0.000000           5.000000
      _3           20.00000           0.000000
      _4           0.000000           25.00000
```

図 3.1 解の出力

製品がたくさんある場合，製品の中には製造しないものも出てくる．

減少費用(Reduced Cost)は，値が 0 のものを無理やり 1 単位製造した場合，目的関数が悪くなる量を表す．今回のように，決定変数の値が非負の場合，減少費用は 0 になる．例えば，$S = 0$ の場合に減少費用が 10 と表示されれば，S を無理やり 1 台生産すれば，利益が 10 減ることを意味する．

Row の下に，目的関数を [_1] と考え，[_2] から [_4] に 3 つの制約式に関する情報が表示される．

「Slack or Surplus」の下の数値は，制約式に S と D の値を代入し，右辺の定数項から使用量を引いた値である．この値は，(部品在庫 − 使用量)を表すので，未使用の在庫数になる．標準筐体とハードディスクは在庫を使い切ったので 0 である．

高級筐体は 20 個の余裕があるが，京都の老舗のように予定分を売り切ってその日は店じまいということも考えられる．しかし，製品を売った代金で標準筐体とハードディスクを追加購入することが考えられる．

双対価格(Dual Price)は，標準筐体を 1 個追加できれば 5，ハードディスクを 1 個追加できれば 25 だけ利益(目的関数)が改善されることを示す．この情報を参考にして，ハードディスクを発注した方が利益に貢献することがわかる．

(設問 1)　ハードディスクを 1 台増やして 121 にするとどうなるか．図を用いて双対価格の説明を考えよ．

(ヒント)　S + 2 ∗ D ≦ 121；に変更したモデルを解いて，それを図に表してみよう．

---

(3) LP 解の状態

今まで，最適解がある場合だけを考えてきた．他にどんな場合があるだろうか．図 3.2 が，解の状態を示す．すなわち，実行可能解がある場合とない場合

3.3 LINGO によるモデル

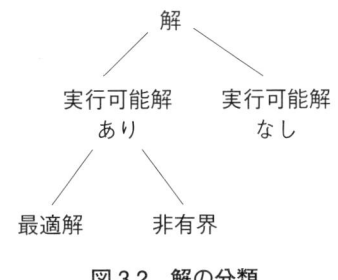

図 3.2 解の分類

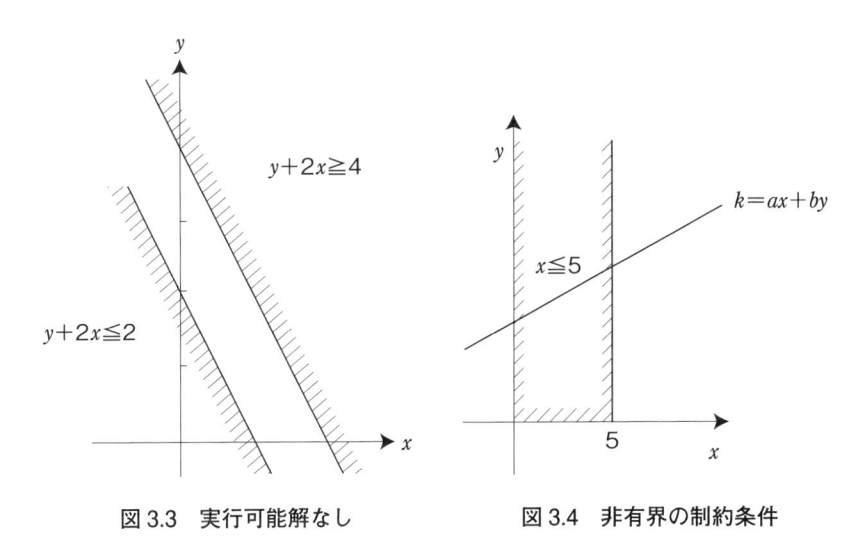

図 3.3 実行可能解なし

図 3.4 非有界の制約条件

に分かれる．実行可能解がない場合は，図 3.3 に示すように，制約条件に共通集合，すなわち実行可能領域がない場合である．実際の問題では，考える条件を厳しくしすぎたり，符号を間違ったりする場合が多い．

実行可能解がある場合でも，制約条件に抑えがない場合は，解が無限に良くなる．これを非有界という．図 3.4 は，非有界の場合である．資源制約がなく実行可能領域が無限に広がっている場合であり，何か重要な制約を見落としている可能性が高い．

(4) 減少費用を考える

今，ハードディスクの在庫が 50 個しかないとしよう．修正した LINGO モデルは次のようになる．

```
MAX=30*S+50*D;
S<60; D<50;
S+2*D<50;
```

これでめでたく，図 3.5 のように $D = 0$ になり，減少費用が 10 になる．すなわち，今の状況では標準 PC だけを 50 台生産することが最善であり，高級 PC を 1 台生産すると利益が 10 減少することを示す．ハードディスクの在庫は 0 で双対価格は 30 なので，1 台追加発注すれば利益が 30 だけ改善される．

> (設問2) 高級 PC の利益が 10 増えて 60 にすると，ふたたび D が生産される．この問題を解いて理由を考えよ．また，LINGO の出す解以外に無限の解が表れる．それを説明するのに適した解を 2 つ示して説明を考えよ(解答は 5.4 節参照)．

```
Global optimal solution found.
Objective value :        1500.000

Variable           Value        Reduced Cost
    S           50.00000          0.000000
    D            0.000000        10.00000
  Row       Slack or Surplus      Dual Price
    1           1500.000          1.000000
    2           10.00000          0.000000
    3           50.00000          0.000000
    4            0.000000        30.00000
```

図 3.5　修正モデルの解

(5) 双対問題

今，生産現場で工場をもたずに生産を委託するファブレス産業が注目を集めている．経営者から見れば，標準PC 1台あたり30，高級PCは50の利益を生み，総計3,300の利益を得られれば，自社ブランドにこだわらずファブレス産業になってもいいという考えも成り立つ．そこで部品の単価が妥当かどうか検討したい．標準筐体，高級筐体，ハードディスクの単価をSS, DS, HDとして，現在の生産規模で部品購入費用を最小化したい．

一方，標準PCは1個の標準筐体と1個のハードディスクから作られるので，原価費用はSS＋HDになる．この値が利益の下限制約を満たすものとする．最小化問題で，これを上限制約にすれば，自明な0が解になることを防ぐためである．このようにして，次の双対なモデルが作られる．

```
MIN=60*SS+50*DS+120*HD;
SS+HD>30;
DS+2*HD>50;
```

このモデルを解くと，図3.6の解が得られる．標準筐体の単価は5，HDの単価は25と値踏みされる．これが高いかどうかで外部委託するかどうかの目安にすればよい．高級筐体は在庫過剰で，価値を認めないと解釈する．

しかし，重要なことは，双対モデルの最適解は元のモデル（図3.1）とまったく同じ値の3300である．そして，決定変数の値は元のモデルの双対価格に，減少費用は「Slack or Surplus」に，「Slack or Surplus」は減少費用に，「Dual Price」は（−の符号がついているが）決定変数の値に等値である．

LPの計算時間は，変数より制約式を少なくすれば速くなる．この性質は，計算機能力の劣っていた時代には，双対モデルに変えることで，計算時間を早くできるという利点もある．

```
Global optimal solution found.
Objective value :      3300.000

Variable              Value        Reduced Cost
    SS             5.000000          0.000000
    DS             0.000000         20.00000
    HD            25.00000           0.000000
   Row        Slack or Surplus      Dual Price
    1           3300.000            -1.000000
    2              0.000000        -60.00000
    3              0.000000        -30.00000
```

図 3.6　双対モデルの解（注：図 3.1 と対比）

3.4　汎用モデル

（1）　集合表記モデル(PC1.lg4)

次は，製品組立の集合表記モデルである．日科技連出版社の HP からダウンロードした PC1.lg4 を ［File］→［Open］で入力してもよい．モデルから利益や使用部品数や在庫数といったデータを分離するため，データの構造を集合節で定義し，具体的な値を DATA 節で与える．それを使ってモデルは配列で記述できる．

SETS 節では，この問題に表れる対象（オブジェクト）を考える．2 個の最終製品と 3 種類の部品が主役である．これらの集合名を SEIHIN と PARTS とする．最終製品の属性には各製品の利益（PROFIT）と生産個数（PRODUCT）がある．これらはいずれも 2 個の最終製品のもつ属性であり，要素数が 2 の 1 次元配列になる．一方，部品集合は 3 個あり，その在庫数（ZAIKO）が属性を表す要素数 3 の 1 次元配列になる．

USE は 1 次元の原始集合 PARTS と SEIHIN から作られる 2 次元の派生集合である．配列 BUHIN は 3×2 の 2 次元配列になる．

これまでも Speakeasy [18] のように配列演算を扱う数学ソフトはたくさんあ

る．みなさんは，配列の上に集合概念を持ち込むことに戸惑いを感じるだろう．しかし，同じオブジェクトに属する配列は集合のインデックスで統一的に制御できるところがみそである．

　DATA節では，集合節で定義された配列の値を「割り当て文」で定義する．PROFITは，標準PCの利益が30(千円)，高級PCが50(千円)であることを表す．ZAIKOでは，標準筐体，高級筐体，ハードディスクが60個，50個，120個あることを示す．BUHINは，行が3個の部品，列が2個の製品に対応する3行2列の配列で，製品を1台作るときの使用部品数を表す．

```
    SETS:
      SEIHIN: PROFIT, PRODUCT;
      PARTS: ZAIKO;
      USE(PARTS, SEIHIN): BUHIN;
    ENDSETS
    DATA:
      PROFIT=30 50;
      ZAIKO=60 50 120;
      BUHIN=1 0
            0 1
            1 2;
    ENDDATA
    MAX=@SUM(SEIHIN(i): PROFIT(i)*PRODUCT(i));
    @FOR(PARTS(j): @SUM(SEIHIN(i): BUHIN(j,i)*PRODUCT(i))<=ZAIKO(j));
```

　その後，利益を最大化する目的関数がくる．"@SUM(SEIHIN(i):"は，集合SEIHINの要素数だけ各利益合計を計算する．通常の数式では次のようになる．

$$\Sigma_{i=1}^{2} \text{PROFIT}(i) \times \text{PRODUCT}(i)$$

すなわち，次の式を表す．

　　　総利益＝(標準PCの利益)×(標準PCの生産台数)
　　　　　　＋(高級PCの利益)×(高級PCの生産台数)

次の "@FOR(PARTS(j)：" は，部品の数 ($j = 1, \cdots, 3$) だけ次の制約式を表す．

$$\Sigma_{i=1}^{2} \text{BUHIN}(j, i) \times \text{PRODUCT}(i) \leq \text{ZAIKO}(j)$$

すなわち，次の3個の制約式を表す．

$$\Sigma_{i=1}^{2} \text{BUHIN}(1, i) \times \text{PRODUCT}(i) \leq \text{ZAIKO}(1)$$
$$\Sigma_{i=1}^{2} \text{BUHIN}(2, i) \times \text{PRODUCT}(i) \leq \text{ZAIKO}(2)$$
$$\Sigma_{i=1}^{2} \text{BUHIN}(3, i) \times \text{PRODUCT}(i) \leq \text{ZAIKO}(3)$$

集合を導入することで，この繰り返しが容易に行え，同じ集合に属する配列は一つの形式で行える点が重要だ．

(2) データを Excel から入力し，結果を出力する (PC2.lg4)

上のモデルのように，必要なデータを DATA 節で直接与えていては，データが変わるたびにモデルを修正する必要がある．オブジェクト・リンク機能を上手く使うことで，データをモデルから切り離し，Excel や Access 等のデータベースやテキストファイル上に与えて読み込んだり結果を出力できる．

すなわち，図 3.7 の Excel で「B4：C4」をセル範囲名 PROFIT とし，

図 3.7 新村コンピュータ㈱の PC 生産計画 (PC.xls)

	A	B	C	D	E
1		新村コンピュータ㈱			
2	製品	標準PC	高級PC	利益	
3	製造個数	60	30	3300	
4	利益／台	¥30	¥50		
5	部品	標準PC	高級PC	全使用数	在庫数
6	標準シャーシ	1	0	60	60
7	高級シャーシ	0	1	30	50
8	ディスク装置	1	2	120	120

3.4 汎用モデル

DATA節で「@OLE( ) = PROFIT；」とすることで入力できる．同様にZAIKO(E6：E8)とBUHIN(B6：C8)をセル範囲名で設定することで汎用化できる．初心者は，複数のExcelを開いたり，複数のシートを利用しない方がよいが，分析するシートを必ずアクティブにする必要がある．

逆に「@OLE( ) = PRODUCT, OBJ, USAGE；」の指定で，計算結果をExcel上のセル範囲 PRODUCT(B3：C3)，OBJ(D3)，USAGE(D6：D8)に出力できる．目的関数の前に [OBJ] と指定することで，目的関数の最大値が配列OBJに格納される．

これによって，問題の違いに影響されない製品組立の汎用モデルが完成した．みなさんは，電気，機械産業やファースト・フード店の店長であってもよいが，Excel上に必要なデータを入力し，このプログラムを実行するだけでどんな大きな問題であっても最適解が得られる．

後は，その出力の意味を正しく理解し，経営に生かすだけである．LINGOの汎用モデル(PC2.lg4)を次に示す．

```
SETS:
  SEIHIN: PROFIT, PRODUCT;
  PARTS: ZAIKO, USAGE;
  USE(PARTS, SEIHIN): BUHIN;
ENDSETS
DATA:
  PROFIT, ZAIKO, BUHIN=@OLE( );
ENDDATA
[OBJ] MAX=@SUM(SEIHIN(i): PROFIT(i)*PRODUCT(i));
  @FOR(PARTS(j): USAGE(j)=@SUM(SEIHIN(i): BUHIN(j,i)*PRODUCT(i)));
  @FOR(PARTS(j): USAGE(j)<=ZAIKO(j));
DATA:
  @OLE( )=PRODUCT, OBJ, USAGE;
ENDDATA
```

3.5 まとめ

本章では，製品組立問題を取り上げた．対象となる産業は，電気，機械，自動車など，裾野が広い．ただし，このモデルが現在使用されることはないだろう．製造設備の使用と組み合わせるか，高額な機械の受注生産計画などまでモデルを拡張する必要がある．

ただし，「領域の最大／最小問題」そのものであり，減少費用と双対価格の説明に適している．また，最適化問題に表れる解の状態の説明に用いた．すなわち，実行可能解がある場合と，実行可能解がない場合である．実行可能解がある場合は，有限な解が求まる場合と，求まらない非有界の場合がある．有限な解が求まる場合でも，非線形計画法では大域的探索を指定して求めた大域的最適解(最大値／最小値)と，指定しないで求めた極値(極大値／極小値)の場合があることに注意してほしい．

また，数式通りの自然表記によるモデルの定義から，集合表記を用いたモデルの定義を媒介として，データを Excel などから入力する汎用モデルを紹介した．汎用モデルは筆者の造語である．統計ソフトと比較すればすぐに理解できるが，データを数理計画法モデルから独立させていることを意味する．この技術は 1990 年前後に確立した．

数理計画法を学生に教えても，これまで数理計画法のモデルの係数がモデルから独立していなかった．統計ソフトでは 1980 年以前から，統計ソフトからデータが独立していた．すなわち，データの規模や内容が異なっても，統計分析できる．以前の数理計画法ソフトは，データが異なるたびにモデルを作り直すという面倒な作業を行っていた．これが単にデータを Excel などに与えるだけでモデルの変更なく使えるということが重要だ．これによって，学生でも企業社会で分析されている規模の問題も解決できる．

ただし，Excel で扱えない大きなモデルは Access やデータベースを利用することになる．

第4章 配合計画

4.1 物を混ぜ合わせる配合計画とは

　配合計画は，原材料などの物を混ぜ合わせて，求められた品質基準をもつ最終製品を一番安く作る計画問題である．製品組立計画と並んで，LP の代表的な計画問題である．また，配合計画と製品組立計画は，双対問題になる．

　しかし，1994年（平成6年）の米不足のときの日本米とタイ米のブレンドというように，ブレンディングには悪いイメージもあるようだ．また2003年（平成15年）には，肉骨粉による BSE に加え，鳥インフルエンザなど食の安全が大問題になっている．その後，紳士然としたウォール街の一流金融機関が不良債権と優良債権を混ぜ合わせることで金融パニックの引き金を引いた．これらは，企業道徳を捨て，一時的な利益を優先したため，結果として中長期的に見れば関係者は大きな社会的制裁を受けることになった．

　物と物を配合することは，産業活動で重要な役割を果たす．例えば，次のようなものである．

- 鉄鋼業では，原鉱石やコークスなどから最高品質の各種鋼材を一番安く作っている．この場合，原材料費を安くすることが LP の使命である．一方，鋼材の品質を高めることは冶金工学の問題である．
- 石油産業では，種類の異なる原油から各種石油製品を作っている．ある石油精製企業では，IBM の汎用機で IBM の数理計画法ソフト MPSX[†] を利用していたが，PC で稼動する What'sBest! に置き換えることで，大きな経費削減と柔軟な運用が実現でき，感謝されたことがある．

- セメントなどの業界でも配合計画は広く利用されている．

これらの産業は，古くからの数理計画法のユーザーであり，組立型の産業に対してパイプラインでイメージされる装置型産業の代表である．

われわれの日常生活と関係のあるものとしては，食品関連産業での利用であろう．種々の飼料を混ぜ合わせ，一定の栄養価をもつ配合飼料を作ることが考えられる．日本では，酪農や養鶏業で広く利用されている．日本に初めてLINDO製品を紹介したところ，宮崎の養鶏業者が購入したことが思い出される．また全農では，酪農家の配合飼料などで配合計画を利用しているようだ．

それでは，配合計画をわれわれ人間の食事の調理に使えるだろうか．例えば，病院の患者に出す食事は栄養計算を行い，必要な栄養素を含んだ食事を作る必要がある．そこで旬の素材の中から栄養価が高く，値ごろな食材を選ぶ．わかってはいたが，管理栄養士の娘にいうと，「食材は調理法によって栄養素が変わるので難しいのでは」と一蹴された．実際，線形計画法の開発者のG. B. Dantzig(ダンティック)先生は，家庭料理への応用を試みたが，奥方から一蹴されたという話をどこかで聞いたことがある．なぜ適用が難しいのかといえば，次のような理由が考えられる．

- 経済的に問題が小さすぎて，手間をかけて線形計画法で解決しても効果的でない．いわゆる"奥さんの勘ピュータ"の方が優れているわけだ．このように，適用分野の適・不適を考える癖をつけることも「問題解決能力」にとって重要である．しかし，PCで簡単に解けるようになったので，現在であればDantzig先生の奥方も納得したであろう．
- 人間は，牛や鶏と異なり，単に栄養素を満たすだけでなく，美味しさや目新しさがより重要になる．同じような物を続けて出すと患者からクレームがくることは当然想像できる．

---

† 2000年以前の代表的な数理計画法ソフト．IBMは数理計画法ソフトのトップランナーであったが，開発を中止した．2009年に再び，数理計画法と統計ソフトを扱う企業の買収を行った．

4.2 ある鉄鋼会社の配合問題

ここでは30年ほど前に，ある鉄鋼会社から実際に相談を受けた現実の問題を考える．この会社は，日本鋼管㈱（川崎製鉄㈱と合併しJFEスチール㈱に統合）の協力会社である．それまでは，最終製品の決められた制約条件に合うよう原材料を経験と勘に頼って配合していた．しかし，数理計画法の存在を知り，それを用いれば使用原材料費を最小化できることを知り，電話とFAXで相談にみえた．そのときに感じたことは，日本の鉄鋼会社は数理計画法の大ユーザーなのに，関連会社までその技術がいきわたっていないことに対する驚きである．

この鉄鋼会社では，図4.1に示す11個の原材料を用いて，ある製品を生産したい．この原材料を用いて最小の費用で，最終製品に含まれる銅をはじめとする6種類の成分量が，図の上下限値の範囲に入るような原材料の配合比率を決めたい．下限と上限が逆の方がよいが，もらった資料の通りにしてある．銅

	A	B	含有成分	C Cu	D Si	E Fe	F Zn	G Mn	H Mg
1			含有成分						
2		下限		1.8	10.8	0.88	1.6	0	0.34
3		上限		2.2	11.2	0.9	1.8	0.3	0.35
4	材料	単価（円）							
5	X1	275		1.4	3.3	0.7	1.5	0.2	0.8
6	X2	275		2.5	8	0.8	4.5	0.2	0.3
7	X3	285		2.5	7.7	0.9	0.9	0.18	0.19
8	X4	285		2.5	9.5	0.9	0.9	0.18	0.09
9	X5	185		2.5	9.3	0.95	0.93	0.18	0.09
10	X6	235		2.3	8.4	0.8	3	0.21	1.4
11	X7	235		2.5	9	0	0	0	0
12	X8	260		0.2	0.2	0.5	0	0.5	0
13	X9	290		98	0	0	0	0	0
14	X10	340		0	97	0.5	0	0	0
15	X11	255		4	0.5	0.5	0.1	0.5	0.5

図4.1　11個の原材料を用いて，ある製品を作る問題（STEEL.xls）

とかシリコンが出てきて，自分には関係ないと思っているそこのお嬢さん，この図は栄養成分表とそっくりでしょう．原材料を食材，含有成分を食材に含まれる栄養素に置き換えて考えれば，献立の問題になる．

　実際に利用しなくても，なぜ利用できないかを考えることは，自分の職業使命を改めて見つめ直すことになると思うが……．これを，LPでどう解決すればよいのだろうか．

4.3　配合計画をLPでモデル化する

　数理計画法モデルの作成は，次の3段階(ABC分析)で行えばよい．
① **第1段階：決定変数を決める**(What'sBest!ではAdjustable(修正可能変数)セルと読んでいる)
　原材料1から原材料11までの最終製品における配合比率を，X1からX11の11個の決定変数で示す．
② **第2段階：決定変数で目的関数を決める**(Bestセルを決める)
　X1の単価が275円で，X11の単価が255円である．最終製品の原材料費は次の式になる．

$$275 \times X1 + 275 \times X2 + \cdots + 255 \times X11$$

この値を，以下の制約条件を満たす範囲内で，最小にしたい．
③ **第3段階：決定変数で制約式を決める**(Constraintsセルを決める)
　これらの配合比率の間には，次の関係がある．

$$X1 + X2 + X3 + \cdots + X11 = 1$$

あるいは，百分率で考えて次のようにしてもよい．

$$X1 + X2 + X3 + \cdots + X11 = 100$$

さらに実際に150トン作りたいのであれば次のようになる．

$$X1 + X2 + X3 + \cdots + X11 = 150$$

これが，第3段階で考える最初の等式制約になる．次に考える制約式は，最終製品に含まれる銅が，1.8kg(単位不明なので仮にkgとする)から2.2kgの間に

なければいけないという制約だ．原材料 X1 には 1.4 の銅が含まれており，X2 には 2.5 の銅が含まれている．実際に用いる比率は決まっていないが，これらの原材料を表す決定変数を用いれば，最終製品に含まれる銅の重量は次の式になる．

$$1.4 \times X1 + 2.5 \times X2 + \cdots + 4.0 \times X11$$

そして，次の 2 つの不等式制約が銅に関する制約になる．

$$1.4 \times X1 + 2.5 \times X2 + \cdots + 4.0 \times X11 \geq 1.8$$
$$1.4 \times X1 + 2.5 \times X2 + \cdots + 4.0 \times X11 \leq 2.2$$

もちろん，このままでもよいが，次のように新しい決定変数 CU を導入してもよい．

$$CU = 1.4 \times X1 + 2.5 \times X2 + \cdots + 4.0 \times X11 \quad \text{なので}$$
$$1.4 \times X1 + 2.5 \times X2 + \cdots + 4.0 \times X11 - CU = 0$$

この場合，上の制約条件は次のようになる．

$$CU \geq 1.8$$
$$CU \leq 2.2$$

このような定式化でモデルはすっきりした．しかし，決定変数が 1 個と等式制約が 1 個増え，計算時間がわずかに増えることになる．同じようにして，シリコンからマグネシウムまでの制約式を表そう．最後にこの会社では，親会社との関係で原材料 X3 を 35% 使用する必要がある．これは，親会社からの指示で使わなければいけない原材料である．次の等式制約で表される．

$$X3 = 0.35$$

以上が制約条件である．なにも難しいことはないだろう．

④ **非負条件**

次は，決定変数の非負条件である．

$$X1 \geq 0, \ X2 \geq 0, \ \cdots, \ X11 \geq 0$$

数理計画法では，決定変数の非負条件は暗黙の了解事項である．なぜなら決定変数は，資源や経済活動を表し，これらが負になることはないからだ．ただし，株の売りと買い，輸入代金と輸出代金などを一つの変数として考えれば，

56　第4章　配合計画

正にも負にもなる．このような変数を自由変数という．変数 X を自由変数にするには，「@ FREE(X)；」とすればよい．

4.4　LINGO でモデル化(配合.lng)

さて，4.3 節で述べたことを LINGO でモデル化すると，次のようになる．ほぼ式の通り，自然な表記で表されるので，説明の必要もないほどだ．

　　MIN=275*X1+275*X2+285*X3+285*X4+185*X5+235*X6+235*X7+260*X8+290*X9+340*X10+255*X11；

　　[CU2]　1.4*X1+2.5*X2+2.5*X3+2.5*X4+2.5*X5+2.3*X6+2.5*X7+0.2*X8+98*X9+4*X11-CU=0；

　　[SI3]　3.3*X1+8*X2+7.7*X3+9.5*X4+9.3*X5+8.4*X6+9*X7+0.2*X8+97*X10+0.5*X11-SI=0；

　　[FE4]　0.7*X1+0.8*X2+0.9*X3+0.9*X4+0.95*X5+0.8*X6+0.9*X7+0.5*X8+0.5*X10+0.5*X11-FE=0；

　　[ZN5]　1.5*X1+4.5*X2+0.9*X3+0.9*X4+0.93*X5+3*X6+0.1*X11-ZN=0；

　　[MN6]　0.2*X1+0.2*X2+0.18*X3+0.18*X4+0.18*X5+0.21*X6+0.5*X10+0.5*X11-MN=0；

　　[MG7]　0.8*X1+0.3*X2+0.19*X3+0.09*X4+0.09*X5+1.4*X6+0.5*X11-MG=0；

　　[CU8]　CU>1.8；

　　[CU9]　CU<2.2；

　　[SI10]　SI>10.8；

　　[SI11]　SI<11.2；

　　[FE12]　FE>0.88；

　　[FE13]　FE<0.9；

　　[ZN14]　ZN>1.6；

　　[ZN15]　ZN<1.8；

　　[MN16]　MN>0；

　　[MN17]　MN<0.3；

　　[MG18]　MG>0.34；

```
[MG19]  MG<0.35;
[OTH1]  X1+X2+X3+X4+X5+X6+X7+X8+X9+X10+X11=1;
[OTH2]  X3=0.35;
END
```

目的関数と制約式の順は不同であるが,最初に目的関数を記述する方がよいだろう.MIN=の後に,目的関数を入力する.目的関数や制約式は,複数の行にまたがっていてもよい.この後の行に,制約式を入力すればよい.制約式名は[CU8]のような英数字でもよいし,省いてもよい.省けば,目的関数を1番目として,真の制約条件を2番から数えたものが自動的にとられる.決定変数の非負条件は指定する必要がない.モデルを作成し終った後に,1.5節(3)項の[Solve]で計算が開始する.ずいぶん簡単である.

4.5 さて実行してみると

(1) エラーの発生

[Solve]でモデルを解くと,図 **4.2** のエラーメッセージが出力される.これは,実行可能解がないことを示す.「実行可能解なし」とは,第3章で解説したように制約式が厳しすぎて,それらを同時に満たす解がないことを示す.例えば,「$x \geqq 10$ で $x \leqq 3$」を同時に満たす領域がないことを表す.しかし,4.4節のモデルのように20個も制約式があると,どこに問題があるかわからない.

[OK]を押すと図 **4.3** の LINGO の出力になり,計算結果の途中状態が示される.1行目は実行可能解がないことを示す(No feasible solution found).そして,2行目で18ステップの繰り返し計算で停止したことを示す.これは単体法と呼ぶ計算法で,18回計算した後で停止したことを表す.これぐらいのモデルでも,手計算は困難である.これ以降の解は,計算を打ち切った時点の状態を表示する.

第4章 配合計画

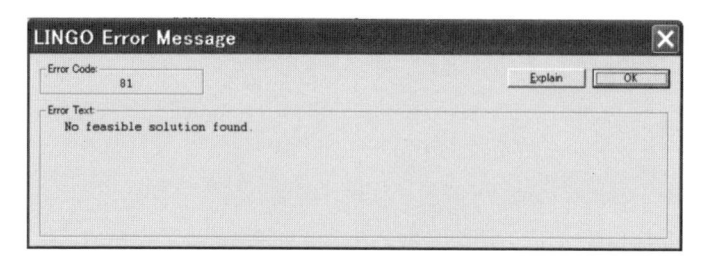

図4.2 エラーの発生

```
No feasible solution found.
Total solver iterations :    18

Variable              Value          Reduced Cost
      FE           0.8421591            0.000000
     Row        Slack or Surplus         Dual Price
    FE12       -0.3784086E-01         -0.2080000E+13
    FE13        0.5784086E-01            0.000000
```

図4.3 計算結果の状態(表示結果の一部のみ表示)

(2) なぜエラーか

ここで解がある試験問題に長けた"学校秀才"は,びっくりする.この会社の人は従来から勘と経験で操業していたので,解がないのはLINDO(すでに開発販売を停止したLINDO Systems Inc.の最初の数理計画法ソルバー)が間違っているのではないかといってきた.分析結果は正しいが,なぜこのようなことになるのだろうか.一般的に考えられることは,次のような点である.

- モデル作成に際し,定式化の誤り.
- 表に示された値が,だいたいの値であり,厳密な値でない.
- 真の問題を似せて問い合わせのために作った表である.

定式化の誤りは,入力ミスのほか,Xが5以上か3以下というような背反条件がある.この場合,次の2つの条件式をモデルに同時に入れてはいけない[†].

$X \geq 5$, $X \leq 3$

実行可能解がないということは，このように制約条件のどこかに間違いがあるということである．しかし，これくらいのモデルでもそれを発見することは神業である．とにかくこの問題は重要である．なぜなら，数理計画法ソフトの試金石になる．このような小さな問題でも対応方法を示さない数理計画法ソフトが多いのには驚きだ．実際使ううえでの配慮が足りないものが多いということだ．

(3) どこが問題か

図4.3の「Slack or Surplus」を見てみよう．不等号の左辺に制約式，右辺に定数項がくることを基本に話をする．不等号が「＜＝」制約とすれば，「右辺定数項－制約式の値」は正になる．製品組立の場合，「在庫－使用量」を表し，0か正の値をとる．正の場合，在庫が余る状態であり，余裕(Slack)と呼ばれる．

一方，制約式が「＞＝」の場合，「制約式の値－右辺定数項」で下限値からの超過分(Surplus)を表す．いずれにしても，非負の値をとる．しかし，鉄(Fe)の下限制約が負になっている．「Value」を見ると Fe = 0.842 であり，これは鉄(Fe)の下限の値 0.88 より 0.038 だけ小さい．一方，上限制約は 0.9 であり余裕は 0.058 = 0.9 − 0.842 である．

すなわち，鉄(Fe)の下限の値 0.88 を 0.842 より小さくすればよい．

(4) どうすれば実行可能解が求まるか

そこで，［FE12］の 0.88 の下限値を思い切って「0」にしてもよいが，例えば「0.84」に変更して，実行可能領域を広げてもう一度［Solve］を実行してみよう．これによって，出力の最初に「Global optimal solution found」の表示

---

† 生産する場合は100単位以上作る必要がある．この場合，生産しない($x = 0$)，生産する($x \geq 100$)という二者択一問題になる．このような二者択一は，整数計画法で解決できる．例えば，段取り費用が発生する場合によく用いられる．

があり，図 4.4 の最適解 253.47 が求まった.

```
Global optimal solution found.
Objective value :      253.4700

  Variable           Value         Reduced Cost
        X1     0.6340993E-01           0.000000
        X2         0.1371361           0.000000
        X3         0.3500000           0.000000
        X4         0.000000             190.7464
        X5         0.2490194           0.000000
        X6         0.1137282           0.000000
        X7         0.000000             230.6026
        X8     0.4631258E-01           0.000000
        X9         0.000000             41633.85
       X10     0.4039380E-01           0.000000
       X11         0.000000             1557.021
        CU          2.200000           0.000000
        SI          11.20000           0.000000
        FE         0.8400000           0.000000
        ZN          1.600000           0.000000
        MN         0.1920125           0.000000
        MG         0.3400000           0.000000
       Row    Slack or Surplus         Dual Price
         1         253.4700            -1.000000
       CU2         0.000000             416.4190
       SI3         0.000000         0.3392355E-01
       FE4         0.000000            -1756.149
       ZN5         0.000000            -97.73759
       MN6         0.000000             0.000000
       MG7         0.000000            -21.21468
       CU8         0.4000000            0.000000
       CU9         0.000000             416.4190
      SI10         0.4000000            0.000000
      SI11         0.000000         0.3392355E-01
```

図 4.4　目的関数と決定変数の値と減少費用を表す最終結果

FE12	0.000000	-1756.149
FE13	0.6000000E-01	0.000000
ZN14	0.000000	-97.73759
ZN15	0.2000000	0.000000
MN16	0.1920125	0.000000
MN17	0.1079875	0.000000
MG18	0.000000	-21.21468
MG19	0.1000000E-01	0.000000
OTH1	0.000000	534.7840
OTH2	0.000000	-188.5638

図 4.4 つづき

```
Constraints and bounds that cause an infeasibility：
 Sufficient Rows：
 (Dropping any sufficient row will make the model feasible.)
 [CU9] CU <= 2.2 ;
 [FE12] FE >= 0.88 ;
```

図 4.5　DEBUG コマンドの利用（表示結果は一部省略）

(5) DEBUG コマンド

実は，メニューから [LINGO] → [Debug] を実行すれば，図 4.5 の分析レポートが出力される．これによると，鉄以外にも銅の制約を変えてもよいことがわかる．

4.6　出力結果の解釈

(1) 目的関数と決定変数の値と減少費用

図 4.4 は，目的関数と決定変数の値と減少費用を表す最終結果である．最小値の 253.47 が求まったことが「Objective Value」からわかる．Variable の下

に決定変数の値が表示される．Value の下の値は，最適化計算で求まった配合比率である．

原材料 X1 は 0.063410，X2 は 0.137136，X3 は 0.350000 だけ使用する．この場合，「減少費用（Reduced Cost）」は必ず 0 になる．原材料 X4 は 0 である．もし強制的に使用すると，最適解でなくなる．すなわち，原材料費は高騰する．これを表すのが「減少費用」である．X4 を 1 単位使ったとすれば，190.746414 だけ原材料費が増えることを示す．

また，原材料 X9 を 1 単位使用すると，原材料費は 41633.85 も高くなることがわかる．すなわち，この原材料を用いることはばかげている．

X4，X7，X9，X11 の 4 個の原材料が 0 で使われていない．逆に X1，X2，X3，X5，X6，X8，X10 の 7 個の原材料が使われている．

（2） 制約式と双対価格

制約式の［CU8］は「2.2 ≧ 1.8」を満たしており，超過分は 0.4 である．すなわち，下限値の 1.8 より 0.4 大きいことを表す．双対価格は 0 になる．［CU9］は「2.2 ≦ 2.2」になり，余裕は 0 になる．銅の上限制約を，もし 1 だけ緩めて 3.2 にできれば，原材料費が 416.419 だけ減る（改善される）ことが双対価格からわかる．

次に，［FE12］と［FE13］を見てみよう．これらは，「FE ≧ 0.84」と「FE ≦ 0.9」を表す．FE の値は 0.84 なので下限制約式では，「FE(0.84) ≧ 0.84」と等式条件になる．このような場合，0.84 を 1 単位緩めれば（1 少なくする），目的関数の値は改善される．しかし，下限制約の場合は緩めないで，上限制約と同じく下限値を 1 増やす．すなわち制約を強め，実行領域を狭めるので，最適解は悪くなる．そこで双対価格は，−1756.149 のように負で表す．みなさんは，下限値を 1 だけ小さくすればこの値だけ目的関数は改善されると解釈すればよいだろう．今回の場合，Fe の下限制約を例えば 0.1 小さくすると 1756.149 の 1 割の 175.6 だけ改善されると考えるべきだ．

以上から，「減少費用」の値は決定変数で 0 になったものの一つを，無理や

り1単位使用すると,目的関数がどれだけ悪くなるかを表す.複数の決定変数を同時に変更した場合にはどうなるかはわからない.

一方,制約条件の「双対価格」は,余裕や超過分が0になったものの一つを,どれだけ緩めれば目的関数が改善されるかを示す.複数の制約条件を同時に変更した場合にはどうなるかはわからない.

これらは,数学的に偏微分のような役割である.

(3) 丸める

原材料X1は0.06341の比率で作れば最適であることがわかる.しかし,製造技術上,例えば小数3桁でそろえる必要があったとしよう.これらの値を小数点第3位で四捨五入しても,表4.1のように合計は1になるので,最終的にはこの丸めた値で生産することになる.これらの値を元のモデルに,X1 = 0.063というように加えて計算すればよい.すなわち,単に連立方程式の計算になる.

表4.1 実際には丸めた値で生産する

VARIABLE	VALUE	丸め
X1	0.063410	0.063
X2	0.137136	0.137
X3	0.350000	0.350
X4	0.000000	0.000
X5	0.249019	0.249
X6	0.113728	0.114
X7	0.000000	0.000
X8	0.046313	0.046
X9	0.000000	0.000
X10	0.040394	0.040
X11	0.000000	0.000
合計	1.000000	1.000

4.7 親会社にいくら請求するか

さて，ここで次の問題を考えてみよう．

> （設問1） この会社では親会社から，原材料 X3 を 35%使用することが要求されている．これに対して，親会社から一体いくらの対価を受けとるのが妥当であろうか．

この答えは，単に X3 を 35%使用するという制約を取り払って(! [OTH2] X3 = 0.35；とこの制約式をコメントにすればよい)，再計算してみればよい．図 4.6 が出力である．目的関数の値は，214.785 である．図 4.4 では，253.47 であった．この差の 38.685 が，結局親会社によって拘束されることで発生する無駄な費用である．この分析結果でもって，親会社と支払いあるいは受取り金額を冷静に交渉すればよいであろう．

これは減少費用からも計算できる．X3 は 0 であるが，これを 1 単位増やすと目的関数は 102.8957 だけ減少する．ただし，0.35 だけ増やすので，102.8957×0.35 = 36.013495 になる．厳密に一致しないのは，減少費用は 1 単位に換算した場合の値を表すが，実際どこまでが有効かわからない点だ．

4.8 汎用の配合モデルを作成する

（1） 自然表記よ，さようなら

自然表記による LINGO のモデル表現は，勉強するうえでわかりやすい．しかし，現実の問題に適用しようとする場合，決定変数や制約式が大きなものを扱う必要が出てくる．この場合，自然表記であるとモデル作成に多大な工数がかかる．これまでは制約式や決定変数のモデルのサイズを表すパラメータと制約式の係数を読み込んで，モデルをプログラムで生成してきた．しかし，What'sBest! は Excel で式のコピー機能を使えば，同じ構造をもった制約式を

```
Global optimal solution found.
  Objective value :        214.7850
  Total solver iterations :       7

Variable              Value          Reduced Cost
    X1             0.000000            36.02483
    X2             0.1071510           0.000000
    X3             0.000000           102.8957
    X4             0.000000           100.6345
    X5             0.5924272           0.000000
    X6             0.1889545           0.000000
    X7             0.000000            73.57996
    X8             0.8229685E-01       0.000000
    X9             0.000000          4495.885
   X10             0.2917054E-01       0.000000
   X11             0.000000           170.4098
    CU             2.200000            0.000000
    SI            10.80000             0.000000
    FE             0.8554239           0.000000
    ZN             1.600000            0.000000
    MN             0.1823328           0.000000
    MG             0.3500000           0.000000
```

図4.6 親会社にいくら請求すべきか

作成することは容易である．筆者の研究では，何百回も2万件の制約式をコピーしたモデルを作成してここ10年間分析してきた．一方，LINGOでは集合表記を用いれば，大規模なモデルも係数をモデルから分離し，汎用化できる．

(2) 集合表記によるモデル記述(配合1.lng)

次は，LINGOの集合表記を用いた定式化である．LINGOの自然表記では大規模モデルの作成が大変である．そこで，次の集合表記で，最終成分(CONTENT)と原材料(RAW)の原始集合(1次元集合)と，それらから作られる2次

元の集合(派生集合)の MATRIX を定義する．DATA 節でこれらの値をモデルから分離して与えることができるので，モデルから係数が分離される．

SETS 節では，原始集合(CONTENT)を定義する．UL と LL は，上下限値の入った要素数 6 の 1 次元配列である．従来の配列概念と異なるのは，集合は同じ要素数をもつ配列を統一し，それらの配列を集合のインデックスで繰り返し処理できる点である．RAW は原材料に対応する集合で，11 個の原材料の価格(PRICE)と配合比率(PRODUCT)の 1 次元配列をもっている．

MATRIX は，RAW と CONTENT から作られる 2 次元の派生集合である．SEIBUN は 11 行 8 列の成分を入れる 2 次元配列である．これらは DATA 節で，各配列に割り当て文で値が割り当てられる．配合比率 PRODUCT は最適計算で決まる．

「@SUM(RAW(i)：」は，集合 RAW の要素数 11 だけ PRICE(i) × PRODUCT(i)の合計，すなわち $\Sigma_{i=1,\cdots,11}$ PRICE(i) × PRODUCT(i)を計算する．これで，原材料費が定義される．

「@FOR(CONTENT(j)：@SUM(RAW(i)：SEIBUN(i, j) * PRODUCT(i)) <= UL(j))；」は，原始集合 CONTENT の要素数と同じ 8 個の上限制約(≦)を定義する．すなわち，同じ構造であれば，1 万個の制約でもこれだけで十分だ．次の，「@FOR(CONTENT(j)：@SUM(RAW(i)：SEIBUN(i, j) * PRODUCT(i)) >= LL(j))；」は，8 個の下限制約を表す．

```
SETS：
    CONTENT：UL, LL；
    RAW：PRICE, PRODUCT；
    MATRIX(RAW, CONTENT)：SEIBUN；
ENDSETS
DATA：
    UL=2.2   11.2   0.9   1.8   0.3   0.35；
    LL=1.8   10.8   0.84  1.6   0    0.34；
    PRICE=275 275 285 285 185 235 235 260 290 340 255；
```

4.8 汎用の配合モデルを作成する

```
      SEIBUN=
            1.4   3.3   0.7   1.5   0.2   0.8
            2.5   8     0.8   4.5   0.2   0.3
            2.5   7.7   0.9   0.9   0.18  0.19
            2.5   9.5   0.9   0.9   0.18  0.09
            2.5   9.3   0.95  0.93  0.18  0.09
            2.3   8.4   0.8   3     0.21  1.4
            2.5   9     0.9   0     0     0
            0.2   0.2   0.5   0     0.5   0
            98    0     0     0     0     0
            0     97    0.5   0     0     0
            4     0.5   0.5   0.1   0.5   0.5;
ENDDATA
MIN=@SUM(RAW(i): PRICE(i)*PRODUCT(i));
  @FOR(CONTENT(j): @SUM(RAW(i): SEIBUN(i,j)*PRODUCT(i))<=UL(j));
  @FOR(CONTENT(j): @SUM(RAW(i): SEIBUN(i,j)*PRODUCT(i))>=LL(j));
  @SUM(RAW(i): PRODUCT(i))=1;
```

(3) 完全な汎用モデル(配合 2.lng)

先ほどのモデルでは，モデル式の係数を割り当て文で配列に直接定義していた．しかし図 4.7 のように，Excel 上に問題を表すデータを記述しよう．そして，成分を表す C5：H15 を選んでセル範囲名を SEIBUN と指定する．同様に価格のセル範囲名を PRICE(B5：B15)，上限値を UL(C3：H3)，下限値を LL(C2：H2)とセル範囲名を与えてやる．これによって，パラメータを「SEIBUN = 」で直接割り当てる必要がなくなり，「SEIBUN = @OLE( )」でもって Excel から入力できる．そして，製造量 PRODUCT(I5：I15)と目的関数の値 OBJ(I4)のセル範囲名を与える．このようにすれば，Excel 上に解きたい問題を表すデータを作成するだけで，モデルのサイズに関係なく汎用的な配合モデルが完成する．すなわち，勉強したことがすぐに企業の大きな問題に対応でき

68   第4章 配合計画

	A	B	C	D	E	F	G	H	I
1		含有成分	Cu	Si	Fe	Zn	Mn	Mg	
2		下限	1.8	10.8	0.84	1.6	0	0.34	
3		上限	2.2	11.2	0.9	1.8	0.3	0.35	
4	材料	単価(円)						総費用	214.8
5	X1	275	1.4	3.3	0.7	1.5	0.2	0.8	0
6	X2	275	2.5	8	0.8	4.5	0.2	0.3	0.107
7	X3	285	2.5	7.7	0.9	0.9	0.18	0.19	0
8	X4	285	2.5	9.5	0.9	0.9	0.18	0.09	0
9	X5	185	2.5	9.3	0.95	0.93	0.18	0.09	0.592
10	X6	235	2.3	8.4	0.8	3	0.21	1.4	0.189
11	X7	235	2.5	9	0.9	0	0	0	0
12	X8	260	0.2	0.2	0.5	0	0.5	0	0.082
13	X9	290	98	0	0	0	0	0	0
14	X10	340	0	97	0.5	0	0	0	0.029
15	X11	255	4	0.5	0.5	0.1	0.5	0.5	0
16			2.2	10.8	0.8554	1.6	0.2089	0.35	

図4.7 Excel上の問題(配合.xls)

る.

「@OLE」関数でExcelからデータを呼び込めば,Excelデータのみを更新すればよい.また分析結果をExcelに出力し,最終成果物として利用できる.これによって授業で習ったことを,学生が企業に入って実際の配合問題を解決できる.次が完全な汎用モデルである.

```
SETS:
    CONTENT: UL, LL, SP;
    RAW: PRICE, PRODUCT;
    MATRIX(RAW, CONTENT): SEIBUN;
ENDSETS
DATA:
    UL, LL, PRICE, SEIBUN=@OLE( );
```

```
ENDDATA
  [OBJ] MIN=@SUM(RAW(i): PRICE(i)*PRODUCT(i));
  @FOR(CONTENT(j): SP(j)=@SUM(RAW(i): SEIBUN(i,j)*PRODUCT(i)));
  @FOR(CONTENT(j): SP(j) <=UL(j));
  @FOR(CONTENT(j): SP(j)>=LL(j));
  @SUM(RAW(i): PRODUCT(i))=1;
DATA:
  @OLE( )=PRODUCT,OBJ;
ENDDATA
```

4.9 まとめ

　製品組立と異なり，配合問題は，鋼材，石油，配合飼料などで実際よく使われている．しかし，なぜか石油以外の化学品会社での利用は進んでいない．また，金型は結構原材料費が高いらしい．代替となる原材料の成分表さえあれば，日本の中小の金型メーカも助かるのにと思う．

　原材料高の今こそ，ちょっと数理計画法を用いるだけで，あと数パーセントの利益改善が図れるのに，残念である．

　本章では，鉄鋼会社から相談を受けた問題を取り上げている．制約条件が厳しすぎて，実行可能解がない例である．そのような問題から実行可能解がある状態に作り替えるため双対価格の情報を利用した．また親会社からの原材料制約に対する対価の算出も双対価格と結びつけて説明した．

コラム1

LINGOのモデル：自然表記から集合表記を経て汎用モデルへ

(3.3節以降のPCの組み立てを例にLINGOの自然表記，集合表記と汎用モデルを説明する)

■**問題**：標準PC(S台)と高級PC(D台)の2種類のPCを生産したい．標準PCは，1個の標準筐体と1個のハードディスクから作られ，1台30(千円)の利益がある．高級PCは，1個の高級筐体と2個のハードディスクから作られ，50(千円)の利益がある．これらの部品は，在庫が60個，50個，120個しかない．現在の在庫制約のもとで，利益を最大化する生産台数SとDを決めたい．

■**自然表記によるモデル記述**：以下が普段目にする自然表記による数理計画法モデルである．決定変数や制約式が多い現実の問題を定式化するとき，モデル作成に時間がかかり，データが変わるごとに変更作業が伴うことである．

  MAX=30*S+50*D;
  S<60; D<50; S+2*D<120;

■**集合表記**：集合表記は，数理計画法モデルを配列とLINGOの関数で記述する．利益(PROFIT)，在庫数(ZAIKO)，必要部品数(BUHIN)は，「@OLE( )関数」でExcelから入力する．「MAX=@SUM(SEIHIN(i)：」で「$\Sigma_{i=1}^{2}$ PROFIT(i) × PRODUCT(i)」，「@FOR(PARTS(j)：」で複数の制約式「$\Sigma_{i=1}^{2}$ BUHIN(j,i) × PRODUCT(i) < ZAIKO(j)」が1文で表現できる．そして分析結果を「@OLE( )=PRODUCT, USAGE, OBJ；」でExcelに出力できる．これによって，Excel上のデータの変更やモデルのサイズの変更に影響されない汎用モデルになる．

  SETS:
  SEIHIN: PROFIT, PRODUCT; PARTS: ZAIKO, USAGE; USE(PARTS, SEIHIN):
   BUHIN; ENDSETS
  DATA:
  PROFIT, ZAIKO, BUHIN=@OLE( ); ENDDATA
   [OBJ] MAX=@SUM(SEIHIN(i): PROFIT(i)*PRODUCT(i));
   @FOR(PARTS(j): USAGE(j)=@SUM(SEIHIN(i): BUHIN(j,i)*PRODUCT(i)));
   @FOR(PARTS(j): USAGE(j)<=ZAIKO(j));
   DATA:
  @OLE( )=PRODUCT, USAGE, OBJ; ENDDATA

第5章 評価の科学 DEA 法
—良いところをほめる—

5.1 経営効率性分析あるいは包絡分析法とは

　包絡分析法(Data Envelopment Analysis, DEA)は，企業の事業部，百貨店などの複数の店舗，自治体の複数の図書館などの各種事業体の意思決定主体(Decision Making Unit, DMU)の効率性を評価する手法である．それ以外にも，プロ野球選手の年俸が成績とどう関係するかといったことも評価できる．1978年にテキサス大学の Charnes, Cooper and Rhodes が提案したので，CCRモデルと呼ばれている．

　DEA 法は，ガソリンや電気で動くモータをイメージすればよい．入力であるガソリンに対し，モータの出力はロスが発生するので，出力／入力の比は1以下になる．1に近いほど，エネルギーの変換効率が良いモータと考えられる．この場合，1入力1出力であるが，多くの場合は多入力多出力であることが多い．

　例えば，プロ野球選手を考えてみよう．出場回数を入力とすれば，ヒット数や得点数など複数の出力項目が考えられる．そこで，m 個の入力項目を $x_1, \cdots, x_m$ とし，n 個の出力項目を $y_1, \cdots, y_n$ とする．そして，k 人の選手(DMU)がいる．h 番目の選手(DMU_h)の測定値を $x_{1h}, \cdots, x_{mh}$ とし，n 個の出力項目を $y_{1h}, \cdots, y_{nh}$ とする．この場合，DMU_h の効率値は次の比になる．

$$\text{DMU}_h = (b_{1h} \times y_{1h} + \cdots + b_{nh} \times y_{nh}) / (a_{1h} \times x_{1h} + \cdots + a_{mh} \times x_{mh})$$

　ここで，この比が1以下になるように重み $(b_{1h}, \cdots, b_{nh})$ と $(a_{1h}, \cdots, a_{mh})$ を決めてやればよい．しかし，重みを DMU_h に無関係に一定(固定)にすれば，

これまでの統計アプローチと同じく共通の重みでの評価法になる．DEA 法の一番の特徴は，DMU_h ごとにその効率を最大になるように個別の重みを与える点である．しかし，その重みを他の DMU にも適用し，その効率値を 1 以下にするという制約を課すことにする．

ここでは次の h 番目の DMU_h のモデルを考える．

$$MAX = (b_{1h} \times y_{1h} + \cdots + b_{nh} \times y_{nh})/(a_{1h} \times x_{1h} + \cdots + a_{mh} \times x_{mh})$$

$$(b_{1h} \times y_{1p} + \cdots + b_{nh} \times y_{np})/(a_{1h} \times x_{1p} + \cdots + a_{mh} \times x_{mp}) \leq 1 \quad \text{for} \quad p = 1, \cdots, k$$

このモデルは，数理計画法で分数計画法と呼ばれている．これを次の同値な LP モデルに置き換えたものを CCR モデルといっている．そして，この目的関数の値を D 効率値という．

$$MAX = b_{1h} \times y_{1h} + \cdots + b_{nh} \times y_{nh}$$

$$a_{1h} \times x_{1h} + \cdots + a_{mh} \times x_{mh} = 1$$

$$(b_{1h} \times y_{1p} + \cdots + b_{nh} \times y_{np}) \leq (a_{1h} \times x_{1p} + \cdots + a_{mh} \times x_{mp}) \quad \text{for} \quad p = 1, \cdots, k$$

ここで注意したいことは，各 DMU で上の LP モデルを解く必要がある．すなわち，k 個の DMU に対して，k 個の異なった LP モデルを繰り返し解く必要がある．

DEA 法の特徴を，図 5.1 の 1 入力 2 出力を例にして説明する．例えば，プ

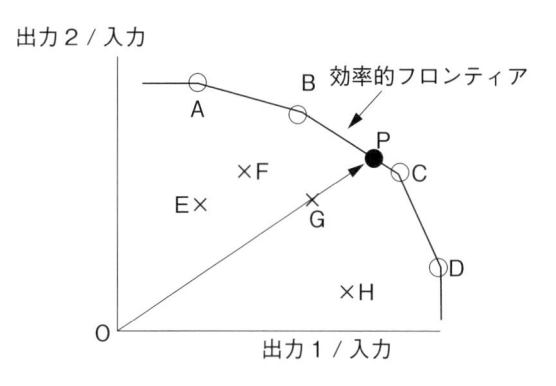

図 5.1　1 入力 2 出力

ロ野球選手の場合，打席数を入力とし，得点と年俸を出力と考えればよい．各 DMU_p に対して CCR モデルを1回解く．A，B，C，D の効率値が1(D 効率的という，これら4個の DMU を参照集合という)で，G は例えば 0.7 であったとする．効率値が1の A，B，C，D を結んだ線分は，全体として凸体になり，効率的フロンティアという．どのような重みづけを行っても，考える全ての DMU はこの凸体に内包される．これが包絡と呼ばれるゆえんである．

DMU_g は，G の良いところを取り入れて重みづけしても非効率的であり，入力を減らすか出力を改善する必要がある．すなわち P 点が努力目標になる．

一方，次のようなモデルを考える．

$MIN = b_{1h} \times y_{1h} + \cdots + b_{nh} \times y_{nh}$

$a_{1h} \times x_{1h} + \cdots + a_{mh} \times x_{mh} = 1$

$(b_{1h} \times y_{1p} + \cdots + b_{nh} \times y_{np}) \geqq (a_{1h} \times x_{1p} + \cdots + a_{mh} \times x_{mp})$ for $p = 1, \cdots, k$

このモデルは，図 5.2 に示すように，非効率的フロンティアを見つけてくれる．出力をどこまで落とせば最も非効率であるかがわかる．A，B，C の非効率値は1であり，G は 1.5 だったとしよう．これが図の P 点まで非効率的になれば，1に下がる．CCR モデルで効率的な DMU に飴(評価を上げる)，逆 CCR モデルで非効率的な DMU に鞭(評価を下げる)のような使い分けをすればよい．

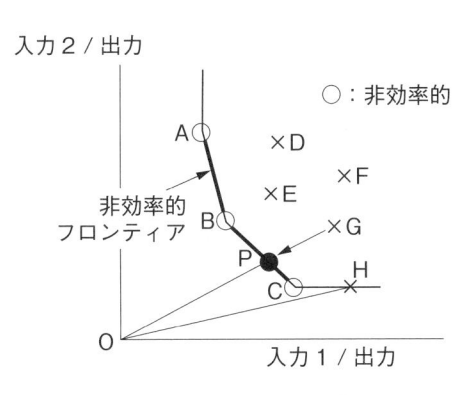

図 5.2 逆 CCR モデル

5.2 東京都23区の図書館の評価(DEA.lg4)[†] (一部商用版利用)

図 5.3 は，刀根薫[19]が DEA 法の研究にもちいた有名な東京都 23 区の区立図書館の DEA 法による分析結果である．入力値は蔵書数(千冊)と職員数(千人)で，出力は貸出数(千冊)と登録者数(千人)の 2 入力 2 出力のデータである．出力を貸出数だけの 2 入力 1 出力で分析することにする．2 入力 2 出力は読者の課題としたい．

「C2：E24」をセル範囲名 F とし分析データとする．「G2：G24」に D 効率値を出力するセル範囲名 SCORE，各 DMU に最適な重みをセル範囲名 W (H2：J24)に出力する．この 23 個の図書館の重みを 23 個の DMU に適用して

	A	B	C	D	E	F	G	H	I	J	K	AC	AG
1	SN	区	蔵書数	職員数	貸出数	登録者数	SCORE	W1	W2	W3	S1	S19	S23
2	1	千代田	163.523	26	105.321	5.561	0.193	0.002	0.025	0.002	0.193	0.181	0.181
3	2	中央	338.671	30	314.682	18.106	0.470	0.000	0.033	0.001	0.392	0.470	0.261
4	3	台東	281.655	51	542.349	16.498	0.540	0.004	0.000	0.001	0.529	0.476	0.540
5	4	荒川	400.993	78	847.872	30.81	0.593	0.002	0.000	0.001	0.553	0.487	0.593
6	5	港	363.116	69	758.704	57.279	0.586	0.003	0.000	0.001	0.556	0.492	0.586
7	6	文京	541.658	114	1438.75	66.137	0.745	0.002	0.000	0.001	0.657	0.565	0.745
8	7	墨田	508.141	61	839.597	35.295	0.616	0.000	0.016	0.001	0.590	0.616	0.463
9	8	渋谷	338.804	74	540.821	33.188	0.448	0.003	0.000	0.001	0.385	0.327	0.448
10	9	目黒	511.467	61	1562.27	65.391	0.897	0.001	0.008	0.001	0.897	0.833	0.857
11	10	豊島	393.815	68	978.117	41.197	0.705	0.001	0.010	0.001	0.705	0.644	0.697
12	11	新宿	509.682	96	930.437	47.032	0.512	0.002	0.000	0.001	0.488	0.434	0.512
13	12	中野	527.457	92	1345.19	56.064	0.719	0.001	0.007	0.001	0.719	0.655	0.715
14	13	品川	601.594	127	1164.8	69.554	0.543	0.002	0.000	0.000	0.478	0.411	0.543
15	14	北	528.799	96	1348.59	37.467	0.715	0.002	0.000	0.001	0.700	0.629	0.715
16	15	江東	394.158	77	1100.78	57.727	0.783	0.003	0.000	0.001	0.728	0.640	0.783
17	16	葛飾	515.624	101	1070.49	46.16	0.582	0.002	0.000	0.001	0.541	0.475	0.582
18	17	板橋	566.708	118	1707.65	102.967	0.845	0.002	0.000	0.000	0.752	0.648	0.845
19	18	江戸川	467.617	74	1223.03	47.236	0.787	0.001	0.009	0.001	0.787	0.740	0.734
20	19	杉並	768.484	103	2299.69	84.51	1.000	0.000	0.010	0.000	1.000	1.000	0.839
21	20	練馬	669.996	107	1901.47	69.576	0.849	0.001	0.006	0.000	0.849	0.796	0.796
22	21	足立	844.949	120	1909.7	89.401	0.729	0.000	0.005	0.000	0.729	0.713	0.634
23	22	大田	1258.98	242	3055.19	97.941	0.681	0.001	0.000	0.000	0.640	0.565	0.681
24	23	世田谷	1148.86	202	4096.3	191.166	1.000	0.001	0.000	0.000	1.000	0.908	1.000

図 5.3 東京都の 23 区の区立図書館のデータと分析結果(図 503.xls)

[†] 本節で扱うデータは，変数が 621，制約式が 576 あり，評価版では対応できない．そこで 10 区の図書館に限定した図 503 変更.xls を DEA 変更.lg4 で分析してほしい．

5.2 東京都23区の図書館の評価(DEA.lg4)

効率値を計算したものをクロス効率値という．「K2：AG24」の23列にS1からS23と名付けた効率値を出力する．例えば，S1列の2行から24行の値は，千代田区の重みで計算された23区の効率値である．

以下がDEA法の集合表記モデルである．集合節で，集合DMUとD効率値を入れる配列SCOREを定義する．集合FACTORは3個の変数に対応する．DXFは1次元集合DMUとFACTORで作られる23行3列の2次元集合で，配列Fにデータ，配列Wに23個のDMUに最適な重みが入る．1次元集合DMUで作られる23行23列の2次元集合S40に，クロス効率値の入る配列Sを定義する．

DATA節の「NINPUTS = 2；」で，配列Fの最初の2列が入力であることを示す．「WGTMIN = .00000；」は重みの下限値，「BIGM = 99999；」は上限値である．

```
MODEL:
SETS:
    DMU/1..23/: SCORE;
    FACTOR/i1..i3/;
    DXF(DMU,FACTOR): F,W;
    S40(DMU,DMU): S;
ENDSETS
DATA:
  NINPUTS=2; WGTMIN=.00000; BIGM=99999;
  F=@OLE( );
ENDDATA
MAX=@SUM(DMU: SCORE);
  @FOR(DMU(I): SCORE(I)=@SUM(FACTOR(J) | J #GT# NINPUTS: F(I,J)*W(I,J));
  @SUM(FACTOR(J) | J #LE# NINPUTS: F(I,J)*W(I,J))=1;
  @FOR(DMU(K):
  [LE1] @SUM(FACTOR(J) | J #GT# NINPUTS: F(K,J)*W(I,J))<=@SUM(FACTOR(J)
      | J #LE# NINPUTS: F(K,J)*W(I,J))));
```

      @FOR(DXF(I,J): @BND(WGTMIN,W,BIGM));
      !クロス計算値をここで計算しない；
   CALC:
      @SET('TERSEO',1);
      @SOLVE( );
      @FOR(DMU(I):
         @FOR(DMU(K): S(k,i)=@SUM(FACTOR(J) | J #GT# NINPUTS: F(K,J)*W(I,J))
         /@SUM(FACTOR(J) | J #LE# NINPUTS: F(K,J)*W(I,J))));
      @SOLU( );
      @SET('TERSEO',0);
      @OLE( )=SCORE,W,S;
   ENDCALC
   END

　目的関数「MAX = @SUM(DMU:SCORE);」で，23個のD効率値の和を最大化する．23個のLPモデルをWHILE文で繰り返し処理しないで，23個の目的変数の和を最大化することで一度に解が求まる．"@FOR(DMU(I): SCORE(I) = @SUM(FACTOR(J) | J #GT# NINPUTS:F(I,J) * W(I,J));"で23個のD効率値(目的関数の分子)を計算する．"@SUM(FACTOR(J) | J #LE# NINPUTS:F(I,J) * W(I,J)) = 1;"は，目的関数の分母を1にすることで分数計画法をLPに変換する．「@SUM(FACTOR(J):」であれば，Jは1から3で計算される．しかし，最初の「@SUM(FACTOR(J) | J #GT# NINPUTS:」で集合は「J＞2」の3番目の出力変数だけの積和に制限されD効率値が計算される．2番目の「@SUM(FACTOR(J) | J #LE# NINPUTS:」で，集合は「J≦2」と入力変数だけの積和が1に制限される．
　"@FOR(DMU(K):[LE1] @SUM(FACTOR(J) | J #GT# NINPUTS: F(K,J) * W(I,J))< = @SUM(FACTOR(J) | J #LE# NINPUTS:F(K,J) * W(I,J))));"は，各DMUの効率値が1を超えないことを表す制約式である．"FOR(DXF(I,J):@BND(WGTMIN,W,BIGM));"は，重みWに上下限値の制約を課す．

CALC 節の "@FOR(DMU(I)：@FOR(DMU(K)：S(k, i)=@SUM(FACTOR(J)｜J #GT# NINPUTS：F(K, J)＊W(I, J)))／@SUM(FACTOR(J)｜J #LE# NINPUTS：F(K, J)＊W(I, J))))；" は，クロス効率値を計算する．ただし CALC 節の前の「!クロス効率値をここで計算しない；」の部分で指定すると，せっかくの LP モデルが非線形モデルになる．そこで，CALC 節に移動して最適化計算から切り離すことで，LP モデルになる．

5.3 クロス効率値のクラスター分析

そして実行すると，図 5.3 の出力になる．DEA 法は，各 DMU に最適な重みを考え，統計手法より公平といわれる．しかし，1個の DMU に対し，K 列から AG 列の 23 個の異なった効率値があり，各 DMU にとってどの効率値を用いるか迷ってしまう．すなわち，K 列から AG 列の 23 列に一番目の千代田区の重みで計算した効率値(S1)から 23 番目の世田谷区で計算した効率値(S23) が出力される．

そこで，S1 から S23 個のどの重みで計算した効率値を選ぶかを決める必要がある．そこで次のように，効率値が 1 のパターンが同じものを一つのクラスターとして 3 個のクラスターにまとめることにする．S1 のように 19 番の杉並区と 23 番の世田谷区が D 効率的である図書館は S1，S9，S10，S12，S18，S20，S21 であり，この 7 個の重みが同じクラスターと考える．S19 のように杉並区だけが D 効率的なクラスターには，S2(中央区の重みによる評価)，S7(墨田区の重みによる評価)，S19(杉並区の重みによる評価)が含まれる．S23 のように世田谷区だけが D 効率的なクラスターには S3 から S6，S8，S11，S13 から S17(板橋区)，S22 と S23 が含まれる．果たしてこのような恣意的なクラスターに意味があるだろうか？

図 5.4 は，貸出数／蔵書を X 軸に，貸出数／職員を Y 軸にしてプロットした散布図である．杉並区と世田谷区が D 効率的(参照集合)である．他の 21 区はこの 2 図書館に対し非効率である．入力の蔵書数や職員数を削減すれば効率

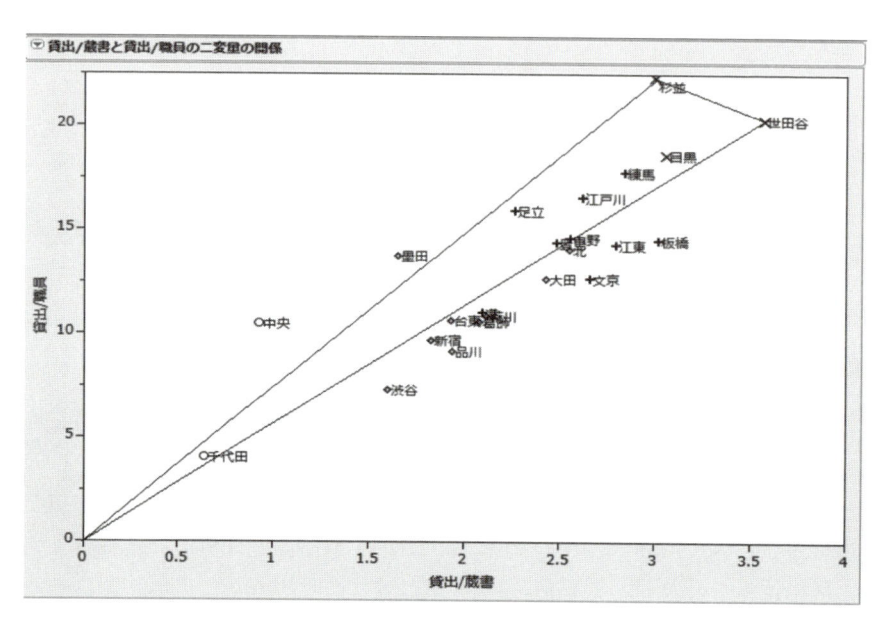

図 5.4　貸出数 / 蔵書を X 軸に，貸出数 / 職員を Y 軸にしてプロットした散布図

的になるが，そのような後ろ向きの改善案は建設的でない．結局は杉並区や世田谷区をお手本に貸出数を上げる方策を考えるべきであろう．

　図 5.4 から，原点と杉並区を結ぶ直線と，世田谷を結ぶ直線で 3 つの領域に分割される．そして，上から順にクラスター S19，S1，S23 に対応している．

　S19 は杉並区の重みで計算した効率値で，杉並区だけが D 効率的である．このクラスターには杉並区の他，墨田区 (S7) と中央区 (S2) が含まれる．すなわち，S2, S7, S19 は杉並区だけが効率的であり，S19 の重みを採用する．

　S1 は千代田区の最適な重みで計算した効率値であり，杉並区と世田谷区が D 効率的であり，S1, S9, S10, S12, S18, S20, S21 が一つのクラスターになる．そして，図 5.4 の三角形の内側に布置される図書館群に対応している．自分に最適な重みづけであるにもかかわらず，千代田区は非効率である．千代田区は，事業所が多く一番昼夜人口比の違いが大きな区であり，地元住民が少

ないという特殊事情もある．千代田区は，この事実を踏まえ他の区と異なったコンセプトで図書館の運用を考えるべきであろう．このクラスターを評価する重みはS1でなく効率値の大きな目黒区の重みによる評価(S9)を用いる．

S23は図の原点と世田谷を結ぶ直線の下側にくる図書館群であり，S3からS6, S8, S11, S13からS17, S22とS23のクラスターに対応している．このクラスターを評価する重みは，世田谷区(S23)を用いる．

このクラスター化は使えそうだ．結局は，各DMUに1個の重みで効率値を考えないと，DEA法も使いにくい．まだ確定的なことはいえないが，クラスターにD効率的なDMUが含まれる場合はその重みを，D効率的なDMUを含まない三角形の内側にあるようなクラスターは，一番効率値の高い目黒区の

主成分分析: 相関係数行列から

番号	固有値	寄与率	20 40 60 80	累積寄与率
1	19.5063	84.810		84.810
2	2.4730	10.752		95.562
3	1.0085	4.385		99.947
4	0.0110	0.048		99.995
5	0.0012	0.005		100.000
6	0.0000	0.000		100.000
7	0.0000	0.000		100.000
8	0.0000	0.000		100.000
9	0.0000	0.000		100.000
10	0.0000	0.000		100.000
11	0.0000	0.000		100.000
12	0.0000	0.000		100.000
13	0.0000	0.000		100.000
14	0.0000	0.000		100.000
15	0.0000	0.000		100.000
16	-0.0000	-0.000		100.000
17	-0.0000	-0.000		100.000
18	-0.0000	-0.000		100.000
19	-0.0000	-0.000		100.000
20	-0.0000	-0.000		100.000
21	-0.0000	-0.000		100.000
22	-0.0000	-0.000		100.000

図5.5 クロス効率値を主成分分析した固有値

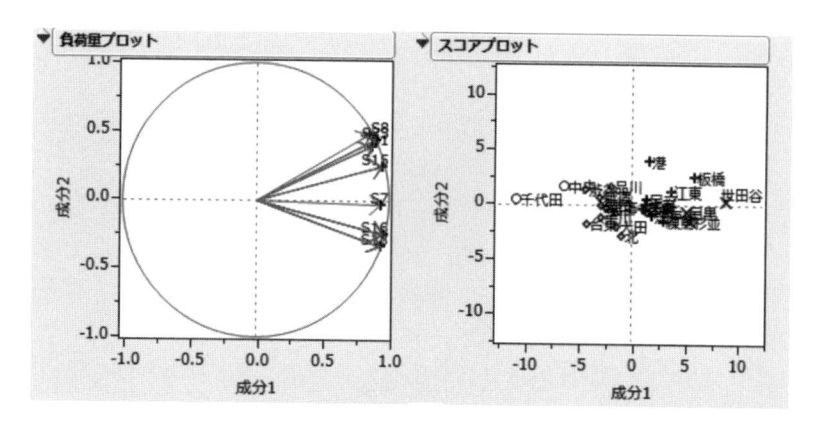

図 5.6 因子負荷量とスコアプロット

ような重みを代表に用いることにする．

図 5.5 は，クロス効率値を主成分分析した固有値である．3 変数までが 1 以上で累積寄与率は 99.947 である．クロス効率値で 3 クラスターに分けたことを保証している．5 変数でほぼ 100% になる．

図 5.6 は，因子負荷量とスコアプロットである．因子負荷量プロットから 4 個以上のグループに分けることも考えられる．第 1 主成分の正から負の値にかけて世田谷から千代田区が序列化されている．これは，図 5.4 の原点と世田谷の直線上に，各図書館から垂線を下したものとほぼ対応している．

5.4 DEA 法の問題点

DEA 法は統計手法と異なり，個々の DMU の良いところを評価する重みを見つけてくれる．しかし，図 3.5(p.44) のモデルで高級 PC の利益が 50 から 10 増えて 60 になると，目的関数は「MAX = 30 * S + 60 * D ;」になる．これは制約条件の描く境界の「S + 2 * D = 50 ;」と重なってしまい，解は無限に出てくる（図 5.7）．このような場合，決定変数の値が 0 で減少費用が 0 に

5.4 DEA法の問題点

```
Global optimal solution found.
  Objective value :    1500.000

  Variable           Value      Reduced Cost
     S            0.000000        0.000000
     D            25.00000        0.000000
     Row       Slack or Surplus   Dual Price
      1           1500.000        1.000000
      2           60.00000        0.000000
      3           25.00000        0.000000
      4           0.000000        30.00000
```

図5.7 一つの解

```
Global optimal solution found.
  Objective value :    1500.000

  Variable           Value      Reduced Cost
     S         0.1000000E-02      0.000000
     D            24.99950        0.000000
     Row       Slack or Surplus   Dual Price
      1           1500.000        1.000000
      2           59.99900        0.000000
      3           25.00050        0.000000
      4           0.000000        30.00000
      5           0.000000        0.000000
```

図5.8 他の解

なる．すなわち，S = 0であることが最適解である．一般的には，Sを1単位増やすと減少費用の値だけ目的関数が悪くなる．減少費用が0ということは，Sを増やしてもそれが別の最適解であることを表している．

 MAX=30*S+60*D;
 S<60; D<50; S+2*D<50;

これを確認するために，S = 0.001 を追加すると，図 5.8 のように S = 0.001 で D = 24.9995 という値で，目的関数 1500 と同じ他の解が得られる．S = 0.002 とすれば S + 2 * D = 50 を満たす別の解がさらに得られる．

MAX=30*S+60*D;
S<60; D<50; S+2*D<50; S=0.001;

最適解が無限にあれば無限にたくさんの重みが出てくるが，D 効率的な杉並区や世田谷区の効率値は 1 である．しかし，それ以外の非効率な DMU は無限に異なった値になり，DEA 法の欠点として議論されてきた．しかし，D 効率値が 1 になるパターンでクラスター化する今回の方法は影響を受けない．

また，効率値でもって厳格に評価するのではなく，自分あるいは所属する組織が非効率であることがわかれば，D 効率的な DMU と比較してどこを改善すべきかの検討材料に用いることができるため，それほど神経質にならなくても良いのではないかと考えている．特に，現場作業者の改善運動にならって，中間管理職の意識改善に利用すればよい．

5.5 プロ野球選手の年俸評価　(商用版利用)

67 人のプロ野球選手の年俸(億円)を 1 出力と考えて，四球，本塁打，打率を入力変数と考えて分析する．重回帰分析で変数選択すると，この順にモデルに取り込まれるので，最初は(四球，本塁打)の 2 入力 1 出力の分析を行い，次に(四球，本塁打，打率)の 3 入力 1 出力の分析を行う．

(1) 2 入力 1 出力

(四球，本塁打)の 2 入力と年俸を 1 出力と考え分析すると，表 5.1 の Excel シートが得られる．本塁打から推定年俸の列にセル範囲名 F を与え LINGO に読み込み実行すると，D 効率値が SCORE に，重みを表すセル範囲名 W に 67 人の選手に最適な重みが出力される．この重みを選手ごとに計算したクロス効率値が，セル範囲名 S に出力される．これらの 67 人の選手は，野村(41)，宮

5.5 プロ野球選手の年俸評価

表 5.1 (四球, 本塁打) の 2 入力と年俸を出力とする Excel シート (野球 501.xls)

SN	選手	チーム	リーグ	打率	本塁打	四球	推定年俸	SCORE	W1	W2	W3	S1	～	S44	S60
1	福浦	ロ	0	0.35	18	58	0.54	0.165	0.001	0.017	0.305	0.165	0.162	0.025	0.160
2	小笠原	日	0	0.34	32	63	1.1	0.307	0.001	0.016	0.279	0.307	0.259	0.029	0.301
3	松中	ダ	0	0.33	36	57	1.5	0.460	0.001	0.017	0.307	0.460	0.357	0.035	0.453
4	松井	巨	1	0.33	36	120	5	0.738	0.000	0.008	0.148	0.73	0.732	0.118	0.718
5	ローズ	近	0	0.33	55	83	1.785	0.375	0.000	0.012	0.210	0.37	0.286	0.028	0.370
6	谷	オ	0	0.33	13	65	0.8	0.237	0.015	0.012	0.296	0.215	0.237	0.052	0.212
7	古田	ヤ	1	0.32	15	43	2	0.822	0.001	0.023	0.411	0.822	0.783	0.113	0.801
8	ペタジーニ	ヤ	1	0.32	39	120	2.1	0.310	0.000	0.008	0.147	0.310	0.301	0.046	0.301
9	中村	近	0	0.32	46	104	3	0.508	0.000	0.009	0.169	0.508	0.450	0.055	0.497
10	礒部	近	0	0.32	17	52	0.4	0.136	0.001	0.019	0.340	0.136	0.132	0.020	0.132
11	鈴木	横	1	0.32	6	51	1.8	0.739	0.021	0.017	0.411	0.630	0.739	0.254	0.608
12	金本	広	1	0.31	25	128	2.22	0.336	0.008	0.006	0.151	0.308	0.336	0.075	0.299
13	真中	ヤ	1	0.31	7	38	0.845	0.435	0.026	0.022	0.515	0.394	0.435	0.102	0.383
14	稲葉	ヤ	1	0.31	25	43	0.47	0.191	0.001	0.023	0.407	0.19	0.154	0.016	0.188
15	バルデス	ダ	0	0.31	21	77	0.4	0.093	0.012	0.010	0.234	0.09	0.093	0.016	0.089
16	ローペス	広	1	0.31	32	51	0.8	0.274	0.001	0.019	0.343	0.274	0.214	0.021	0.270
17	松井	西	0	0.31	24	46	2.5	0.954	0.001	0.021	0.382	0.954	0.798	0.088	0.936
18	ディアス	広	1	0.3	32	39	0.363	0.161	0.001	0.025	0.445	0.161	0.112	0.010	0.160
19	高橋	巨	1	0.3	27	49	1.2	0.429	0.001	0.020	0.358	0.429	0.352	0.038	0.422
20	佐伯	横	1	0.3	14	46	0.83	0.319	0.001	0.021	0.385	0.319	0.316	0.050	0.311
21	柴原	ダ	0	0.3	7	46	1.1	0.483	0.022	0.018	0.439	0.426	0.483	0.133	0.412
22	桧山	阪	1	0.3	12	29	0.43	0.261	0.001	0.034	0.608	0.261	0.237	0.030	0.255
23	清原	巨	1	0.3	29	65	3	0.812	0.001	0.015	0.271	0.812	0.718	0.088	0.795
24	石井	横	1	0.3	8	54	2.5	0.939	0.019	0.016	0.376	0.82	0.939	0.265	0.797
25	元木	巨	1	0.29	9	37	0.88	0.440	0.025	0.021	0.500	0.42	0.440	0.083	0.410
26	赤星	阪	1	0.29	1	50	0.12	0.102	1.000	0.000	0.847	0.04	0.056	0.102	0.041

84　第5章　評価の科学 DEA 法－良いところをほめる－

表 5.1 つづき (その 1)

SN	選手	チーム	リーグ	打率	本塁打	四球	推定年俸	SCORE	W1	W2	W3	S1	…	41	S44	S60
27	立浪	中	1	0.29	9	54	1.9	0.701	0.019	0.015	0.369	0.626		0.701	0.179	0.606
28	小久保	ダ	0	0.29	44	62	1.8	0.506	0.001	0.016	0.281	0.506		0.374	0.035	0.500
29	水口	近	0	0.29	3	60	0.56	0.210	0.019	0.016	0.376	0.161		0.210	0.158	0.161
30	井出	日	0	0.29	11	46	0.58	0.234	0.020	0.017	0.404	0.22		0.234	0.045	0.217
31	岩村	ヤ	1	0.29	18	32	0.5	0.274	0.001	0.031	0.548	0.27		0.223	0.024	0.269
32	江藤	巨	1	0.29	30	73	2.4	0.580	0.001	0.013	0.241	0.58		0.526	0.068	0.566
33	カブレラ	西	0	0.28	49	84	1.5	0.313	0.000	0.012	0.208	0.313		0.251	0.026	0.308
34	メイ	ロ	0	0.28	31	46	0.3	0.114	0.001	0.021	0.379	0.114		0.086	0.008	0.112
35	ラミレス	ヤ	1	0.28	29	27	0.54	0.344	0.000	0.037	0.638	0.343		0.209	0.016	0.344
36	小関	西	0	0.28	3	46	0.51	0.246	0.024	0.020	0.482	0.198		0.246	0.144	0.191
37	田口	オ	0	0.28	8	43	1.2	0.545	0.023	0.019	0.454	0.496		0.545	0.127	0.481
38	ボーリック	ロ	0	0.28	31	107	1.65	0.273	0.008	0.007	0.166	0.273		0.273	0.045	0.266
39	ビティエロ	オ	0	0.28	22	36	0.69	0.335	0.001	0.027	0.486	0.33		0.264	0.027	0.330
40	仁志	巨	1	0.27	20	36	1.6	0.779	0.001	0.027	0.487	0.77		0.637	0.068	0.765
41	野村	広	1	0.27	9	31	1.75	1.000	0.029	0.024	0.571	1.00		1.000	0.165	0.972
42	金城	横	1	0.27	3	56	0.39	0.156	0.020	0.017	0.401	0.12		0.156	0.110	0.120
43	大村	近	0	0.27	16	31	0.52	0.294	0.001	0.032	0.566	0.294		0.247	0.028	0.289
44	宮本	ヤ	1	0.27	1	27	1.18	1.000	1.000	0.000	0.847	0.782		1.000	1.000	0.753
45	葛城	オ	0	0.27	14	43	0.12	0.049	0.001	0.023	0.411	0.049		0.048	0.007	0.048
46	今岡	阪	1	0.27	4	29	0.37	0.262	0.036	0.030	0.707	0.227		0.262	0.078	0.220
47	吉岡	近	0	0.27	26	66	0.67	0.179	0.001	0.015	0.267	0.179		0.165	0.022	0.175
48	中村	中	1	0.27	2	31	1.25	0.894	0.036	0.030	0.715	0.721		0.894	0.530	0.694
49	小川	横	1	0.26	15	57	0.7	0.223	0.016	0.013	0.318	0.21		0.223	0.040	0.212
50	大島	オ	0	0.26	1	75	0.85	0.720	1.000	0.000	0.847	0.20		0.267	0.720	0.195
51	木村	広	1	0.26	7	61	0.44	0.151	0.017	0.014	0.344	0.12		0.151	0.053	0.124
52	濱中	阪	1	0.26	13	53	0.09	0.031	0.018	0.015	0.348	0.03		0.031	0.006	0.029
53	アリアス	オ	0	0.26	38	49	0.6	0.213	0.001	0.020	0.355	0.213		0.151	0.013	0.211

表 5.1 つづき (その 2)

SN	選手	チーム リーグ	打率	本塁打	四球	推定年俸	SCORE	W1	W2	W3	S1	...	S41	S44	S60
54	井端	中	1	0.26	1	49	0.32	0.271	1.000	0.000	0.847	0.117		0.152	0.271	0.112
55	塩崎	オ	0	0.26	4	54	0.38	0.154	0.020	0.017	0.406	0.126		0.154	0.081	0.121
56	小坂	ロ	0	0.26	1	77	0.85	0.720	1.000	0.000	0.847	0.197		0.260	0.720	0.190
57	谷繁	横	1	0.26	20	65	1.4	0.381	0.001	0.015	0.272	0.38		0.376	0.059	0.371
58	東出	広	1	0.26	5	35	0.21	0.122	0.029	0.024	0.583	0.10		0.122	0.036	0.103
59	井口	ダ	0	0.26	30	61	0.41	0.118	0.001	0.016	0.288	0.118		0.101	0.012	0.116
60	城島	ダ	0	0.26	31	31	1.8	1.000	0.000	0.032	0.556	1.000		0.630	0.049	1.000
61	田中	日	0	0.26	20	57	1.4	0.434	0.001	0.017	0.310	0.434		0.413	0.059	0.423
62	片岡	日	0	0.25	16	57	1.8	0.564	0.016	0.013	0.313	0.560		0.564	0.095	0.544
63	金子	日	0	0.25	8	38	0.62	0.311	0.025	0.021	0.502	0.290		0.311	0.066	0.281
64	初芝	ロ	0	0.25	16	55	1	0.322	0.001	0.018	0.322	0.322		0.322	0.053	0.313
65	福留	中	1	0.25	15	56	0.42	0.136	0.016	0.014	0.323	0.133		0.136	0.024	0.129
66	土橋	ヤ	1	0.25	2	39	0.75	0.433	0.029	0.024	0.577	0.34		0.433	0.318	0.331
67	マクレーン	西	0	0.25	39	78	1	0.225	0.001	0.013	0.225	0.22		0.191	0.022	0.221

本(44),城島(60)の3人が参照集合(D効率値が1のもの)であり,4個のクラスターに分かれる.

本来であれば,Excelの変更だけでDEA.lg4を汎用化してあれば,そのまま実行できるはずである.しかし,図書館のデータに合わせてDMUの要素数を23個(1..23),変数を3個(i1..i3),入力変数を2個(NINPUTS = 2)と具体的に(明示的に)指定している.そこで表5.1の分析のためにDMUの要素数を1..67に変更する必要がある.もし汎用化したければ,DMUを表す67名の選手にセル範囲名をDMUとし,「@OLE( ) = DMU；」と変更すれば汎用化される(DEA2.lg4).

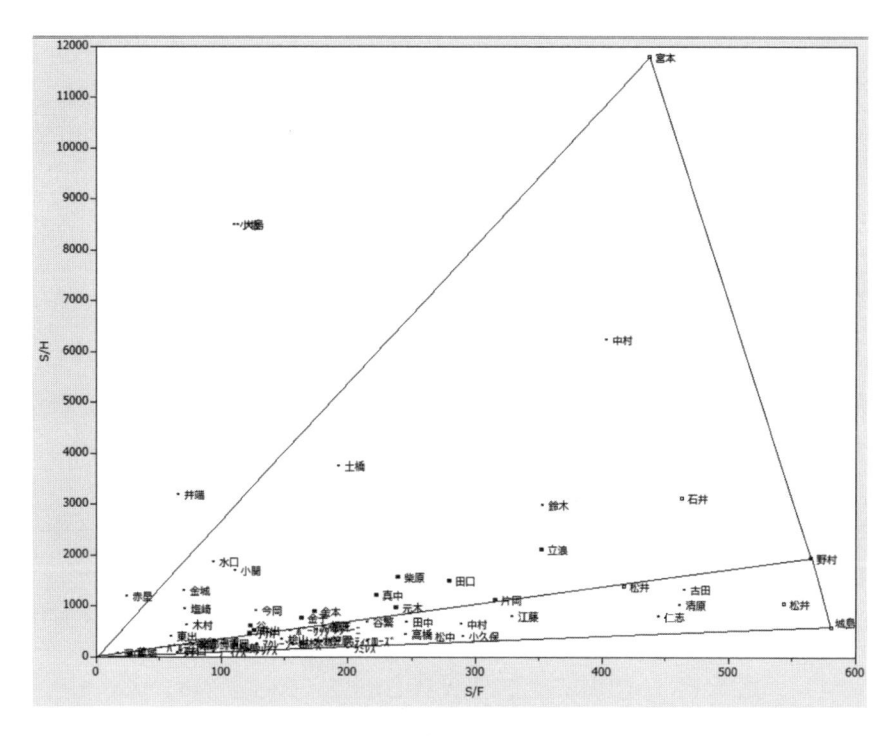

図5.9　4個のクラスター

5.5 プロ野球選手の年俸評価

図 5.9 は，X 軸を年俸 / 四球(S/F)，Y 軸を年俸 / 本塁打(S/H)でプロットした散布図である．宮本と野村と城島の 3 選手が参照集合であり効率フロンティアになっている．

原点と宮本を結ぶ直線より上にいる赤星，大島，井端，小坂の 5 人をクラスター A(宮本を目標)，原点と宮本と野村を結ぶ 3 角形にある中村，鈴木，土橋ら 27 人をクラスター B(宮本と野村を目標，重みは野村を用いる)，野村と城島でできる三角形に含まれる両松井，古田，清原，仁志ら 33 名をクラスター C(野村と城島を目標，ただし松井(西武)の重みを用いる)とする．そしてラミレスと城島の 2 名がクラスター D(城島を目標)になる．以上をまとめると，表 5.2 のクラスターができる．

クラスター A には宮本を含む 5 名の選手からなり，宮本が効率値 1 の手本になる．宮本の重みがたとえ無限にあっても，残り 4 人の相対的な位置が逆転しないなら，赤星や井端は，大島や小坂より問題を抱えていると定性的に考えるべきである．単に量的な値で考えるのではなく，定性的に考えて，面従腹背になりがちな中間管理職の意識改善活動に利用できないものかと考えている．

表 5.2　4 個のクラスター

クラスター	手本	人数	選手
A(S44)	宮本	5	宮本，赤星，大島，井端，小坂
B(S41)	宮本，野村	27	野村，谷，鈴木，金本，真中，バルデス，柴原，石井，元木，立浪，水口，井出，小関，田口，ボーリック，金城，今岡，中村，小川，木村，濱中，塩崎，東出，片岡，金子，福留，土橋
C(S17)	野村，城島	33	福浦，小笠原，松中，松井，ローズ，古田，ペタジーニ，中村，磯部，稲葉，ロペス，松井(西武)，ディアス，高橋，佐伯，桧山，清原，小久保，岩村，江藤，カブレラ，メイ，ビティエロ，仁志，大村，葛城，吉岡，アリアス，谷繁，井口，田中，初芝，マクレーン
D(S60)	城島	2	城島，ラミレス

クラスター B には野村を含む 27 名の選手からなり，宮本と野村が効率値 1 の手本になり，野村の重みを用いる．クラスター C には 33 名の選手からなり，城島と野村が効率値 1 の手本になる．評価に用いる重みは，D 効率値の一番大きな松井（西武）で良いであろう．クラスター D には城島を含む 2 名の選手からなり，城島が効率値 1 の手本になり，重みは城島を用いる．

図 5.9 と表 5.2 から，非効率な選手が効率的な選手に比べて妥当であるか否かを検討し，もし正しければ自分の目標とする効率的な選手を明確にして目標設定することに意味があろう．

この結果を見て気づくことは，外人選手の効率が悪いことである．スポーツ選手のように結果が全ての世界でも"日本病"が読み取れる．すなわち，「外国で過去の実績があるので，もう峠を越した選手でも日本人選手以上に厚遇で迎える」．これはスポーツ界にとどまらず企業でも研究の世界でも認められる．筆者が企業人のとき，親会社から「ジーン・アムダール（IBM360 の天才設計者と呼ばれ，その後，富士通と MPU の共同開発をしていたが，提携を解消した直後）との提携の可否の検討」を依頼された．その際私は，「あこがれの天才技術者と会ってみたいが，この技術革新の激しい世界で三度も才能を開花させることができるとは思えない」と回答して沙汰やみになった．これ以外にも，自分で判断できない，あるいは技術評価ができない意思決定者が過去の実績がある外国人をことのほかありがたがる風潮がある．

図 5.10 は，クロス効率値 S を統計ソフトの JMP[5][6] に入力し群平均法でクラスター分析を行ったものである．変数のクラスターは，左から C，D，B，A の 4 つにうまく分かれた．しかし必ずこのようにうまくいくかは今後の検討事項である．

図 5.11 は，主成分分析の因子負荷量とスコアプロットである．固有値の累積寄与率は第 3 主成分までで 100% になった．因子負荷量プロットも 3 個のグループになる．表 5.2 の 4 クラスターと食い違うが，クラスター D はほぼクラスター C と違いがないと考えられ，融合してもよさそうだ．スコアプロットの記号は，4 つのクラスターに対応している．

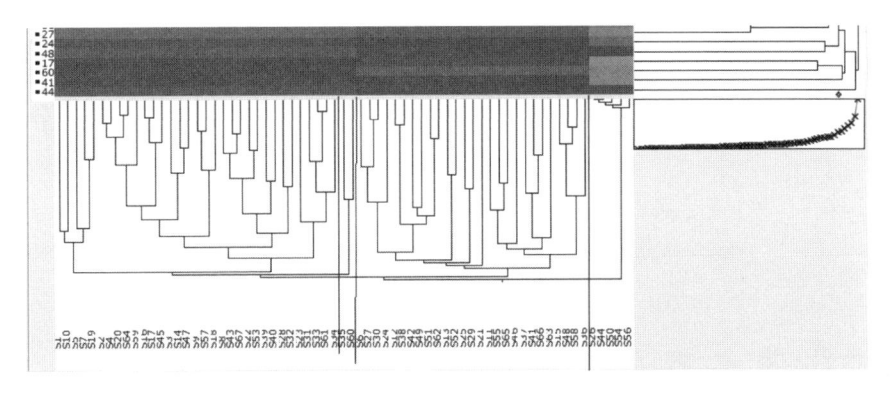

図 5.10　クロス効率値 S を JMP に入力し群平均法でクラスター分析

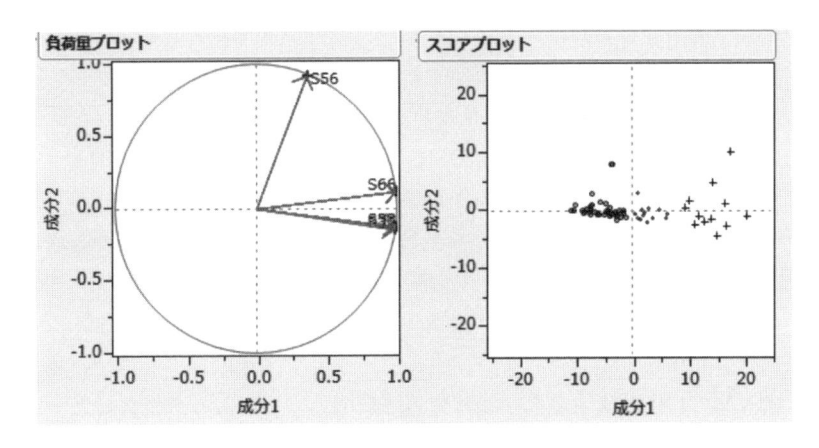

図 5.11　クロス効率値 S の主成分分析

(2) 3 入力 1 出力

次に(四球，本塁打，打率)の 3 入力と年俸を 1 出力と考え分析してみよう．表 5.1 の Excel でセル範囲名 F を E2：H68 に指定を変更して，重みとして W4 列を新規に加えて W を再設定する(野球 503.xls と同じになったかを確認してほしい)．

先程の 2 入力 1 出力から 3 入力 1 出力に変更するために，DEA2.lg4 で変数

を 4 個(i1..i4), 入力変数を 3 個(NINPUTS = 3)に変更する必要がある.

> (設問 1) DEA2.lg4 を, 汎用モデルにするためには, 3 カ所をセル範囲名に指定して, DATA 節で @OLE( )で入力すればよい. どうすればよいか考えてみよう.

5.6 まとめ

　DEA 法は, 現在, 経営科学の分野で多くの研究者を魅了している評価のための手法である. 各 DMU にもっとも良い重みをつけて, 他の DMU と比較する手法である点が注目されているのであろう. すなわち, ある DMU に一番最適な重みをつけて評価しても, 他の DMU の D 効率値が 1 で, 自分がそれ以下で非効率であれば, D 効率的な DMU と比較して改善案を検討できる.

　筆者はこの点に注目して, 現場作業者の労働生産性改善運動にならって, 中間管理職の意識改善運動に利用すべきと考えている. 個人の評価は, 評価者である上司の情実に影響されやすいと感じている人が少なからずいる. この場合, 上司に対して面従腹背という組織全体を非効率にする状態が生まれる. あるいはプロ野球選手の年俸のように, きっと読売巨人軍のような球団に属する選手は, 他の球団に属する選手より優遇されているであろう. これはこのデータを集めた時点の松井(巨人)をみれば明らかである. 筆者は, 日本有数の高待遇の企業の子会社に勤めていたが, 親会社に比べて待遇に不満を述べる社員が多かった. しかし, それよりも身近な同僚とのわずかな評価の違いを公平と考えない場合の方が組織にとってもっと影響が大きいのである.

　企業では, 部下を評価する権限こそ, 上司が部下を掌握する力の源である. しかし, 客観的なデータに基づいて評価を行い, 各自が改善に取り組めば, 全員参加型の効率的なチームが作れるのでないかと夢想している.

　一方, 東京都の区立図書館のような事業体の評価は, 問題を抱える公立の病

院経営，これから経営の苦しくなる大学にもすぐに利用できる．また，税金を使っての文部科学省の科学研究費などは，関係者以外にもその状況がわかるように，DEA 法などの分析結果を公表すべきであろう．そうすれば，多くの人の知恵で，問題点を改善できることが期待できる．

　DEA 法は DMU が 100 いれば 100 の重みが求まる．そして，この 100 個の重みで各 DMU に 100 個の効率値がクロス効率値として計算され，どの重みを用いるのかが重大な問題になる．そこで単純に D 効率値 1 の DMU のパターンの違いでクラスターに分けた．これを統計手法のクラスター分析と主成分分析で分析し比較するとうまくいっているようである．そしてそのクラスターには，D 効率値が 1 の DMU を含む場合はその重みを，非効率な DMU だけでクラスターになるものは一番効率値が大きな DMU の重みを用いることを提案した．今後とも，検討を重ね使いやすいものにしたい．

第6章 ポートフォリオ分析

6.1 マーコウィッツの平均/分散ポートフォリオ・モデル

シカゴ大学の大学院生であったH. M. Markowitz(マーコウィッツ)[32]は,今日,マーコウィッツの平均/分散ポートフォリオ・モデルとして知られている博士論文を提出した.しかしそれは単に数学モデルの論文で,現実問題を分析する経済学的な論文と評価されなかったといわれているが,シカゴ学派の泰斗Milton Friedman(ミルトン・フリードマン)(1976年ノーベル経済学賞受賞)に救われたらしい.後年,コンピュータや数理計画法ソフトの発展で現実の株や債権に応用できるようになり,マーコウィッツは1990年にノーベル経済学賞を受賞した.

筆者が1984年にLINDO製品の代理店になる交渉のため,シカゴ大学ビジネス・スクールのLinus Schrage教授を訪問した.その際,旧帝国ホテルの設計で有名なFrank Lloyd Wright(フランク・ロイド・ライト)の旧宅を案内してもらい,大学生協でシカゴ大学関連のノーベル賞受賞者の名前をプリントしたTシャツをプレゼントされた.受賞者が想像以上に多いのに驚いた.するとL. Schrageから,「シュウイチもノーベル賞をとったら,シカゴ大学は1日でも訪問した人をシカゴ大学関係者としてTシャツに名前を載せるだろう」と冗談をいわれ納得した.

ポートフォリオ分析では,投資家は投資ポートフォリオを構築する際に2つの点を考慮すると仮定する.それらが,期待収益(リターン)とその分散(すなわち,リスク)である.期待収益は,株式の値上がり益と配当を考慮したもの

である．分散は，期待収益からの散らばり具合を表す．ある株式の分散が大きければ，値上がり幅も値下がり幅も大きい．これをリスクの尺度に用いている．しかし，実際の投資家は下側に振れることをリスクと考えても，上に振れることをリスクと考えにくいので，最初はこの点に戸惑うだろう．予測の不確かさをリスクと考えるわけである．

昔から「財産三分法」とか「卵を一つのかごに入れるな」といわれてきた．確率的に変動するものは分散投資すべきであることは，経験的に知られていた．それを数学的にはっきりさせたのである．

今，3社の株価データがあったとする．統計ソフトを用いて値上がり率を計算し，それを期待収益率とする．そして，3社の株価データから分散共分散行列を計算する．

図6.1は，ポートフォリオデータである．3社の社名をGoogle，Yahoo，Ciscoとし，自然表記で用いる決定変数を簡単のためX，Y，Zとする．B2：D2には各社の期待利益が入っている．Googleは年間30%，Yahooは20%，Ciscoは8%の利益が期待される．ここで利益の一番大きなGoogleに全て投資することは間違っている，というのがポートフォリオ理論の骨子である．

B4からD6の3行3列に3社の分散共分散行列Vのデータが与えてある．Google単独の分散は3，Yahoo単独の分散は2，Cisco単独の分散は1である．

	A	B	C	D	E
1		Google	Yahoo	Cisco	期待利益
2	利益	1.3	1.2	1.08	1.2
3	投資比率	0	1	0	リスク
4	分散共分散	3	1	-0.5	2
5		1	2	-0.4	利益下限
6		-0.5	-0.4	1	1.15
7	投資上限	1	1	1	

図6.1　ポートフォリオデータ (図601.xls)

そして，GoogleとYahooの共分散は1である．みなさんもこのデータを作成し，セルE2に3社にある比率(X, Y, Z)で投資した場合の次の期待利益を入れてみよう．ただし投資比率はセルB3, C3, D3にセル範囲名X, Y, Zを与える．

= 1.3*X+1.2*Y+1.08*Z　あるいは

= SUMPRODUCT(B2：D2, B3：D3)

次に，セルE4に，3社に比率(X, Y, Z)で投資した場合の分散を入れてみよう．分散は，次の行列の積で計算される．tは1行3列の行列を3行1列の行列に転置することを示す．

$(X, Y, Z) \times V \times (X, Y, Z)^t = 3x^2 + 2y^2 + z^2 + 2xy - xz - 0.8yz$

さて，3社への投資比率に関しては，次の制約がある．すなわち，3社合計で1あるいは100%と考える．あるいは実際の投資金額としてもよい．Excelには，複雑になるのでこの制約は入れていない．

$X + Y + Z = 1$

> (設問1)　各社への投資比率は0以上1以下で自由に読者が選択できる．3社にある比率で投資した場合の期待利益と合成された分散の上限と下限はどうなるであろうか．あるいは，全てをXに投資した場合はどうなるであろうか．
>
> 　実際，B3に1をいれ，C3とD3を0にすれば，利益は当然であるが1.3で分散は3になる．図6.1はY=1にした場合である．これによって，読者は自由に分散投資のリスクと利益が計算できる．

さて，上の設問の解答であるが，期待利益は1.08から1.3の間にある．分散は1から3の間になる．

6.2 LINGOでモデル化する

投資分析の注意点は,「リスクを最小に,利益を最大にしたい」という相反する2つの目的関数がある点である.これらの間のトレードオフをどうするか悩ましい問題である.一番簡単なのは,これらを加重平均し単目的化することである.しかし,リスクと利益という異なった尺度を一つにまとめてもその意味がわからなくなる.そこで,利益を最大化する代わりにある値以上に制限し,リスクを最小化することが考えられる.

この方針で,マーコウィッツの平均/分散ポートフォリオ・モデルをLINGOで定式化する.例えば,利益を1.15以上でリスクを最小にしたいモデルは次のようになる.

```
MIN=3*X*X+2*Y*Y+Z*Z+2*X*Y-X*Z-0.8*Y*Z;
X+Y+Z=1;
1.3*X+1.2*Y+1.08*Z>1.15;
```

これを解くと,**図6.2**の解が得られる.Xを約18%, Yを25%, Zを57%の比率で投資すればリスクは最小化され0.42になる.この値をB3:D3に入れてリスクの値を確認してみよう.

次に,利益を1.18以上に変更すると,Xを約32%, Yを24%, Zを44%の比率で投資すればリスクは最小化され0.55になる.利益を1.15から1.18に増

```
Local optimal solution found.
Objective value :      0.4209630

Variable         Value        Reduced Cost
   X          0.1828794         0.000000
   Y          0.2480545         0.000000
   Z          0.5690661         0.000000
```

図6.2 期待利益15%以上の出力

```
Local optimal solution found.
Objective value :      0.5501556

Variable        Value         Reduced Cost
    X        0.3252918          0.000000
    Y        0.2369650          0.000000
    Z        0.4377432          0.000000
```

図 6.3　期待利益が 18% 以上

やすと，リスクが 0.42 から 0.55 に増えた（図 6.3）．人生，良いとこどりができないということだ．結局，自分自身でリスクと利益のトレードオフを決める必要がある．

6.3　汎用モデル(PORT02.lg4)

実際の株式は，例えば東証 1 部でもおよそ 1690 社ある．そこで，投資分析の汎用モデルを紹介する．図 6.1 の図 601.xls に次のようなセル範囲名を設定しよう．分散共分散行列を V(B4 : D6)，投資比率を INVEST(B3 : D3)，利益を RATE(B2 : D2)，そして 1 銘柄の投資上限を 1 から 0.75 に設定しなおして UB(B7 : D7)，利益の下限を RET_LIM(E6) に設定する．また LINGO で計算した期待利益を RETURN(F2)，リスクを RISK(F4) と設定し出力する．銘柄 Google, Yahoo, Cisco をセル範囲名 ASSET(B1 : D1) としておけば DATA 節で直接定義することなく「ASSET = @OLE( ) ;」で入力でき，次の汎用モデルになる．各銘柄への投資比率の X, Y, Z は Excel の計算のためのものである．

```
MODEL:
SETS:
   ASSET: RATE, UB, INVEST;
```

```
      COVMAT(ASSET, ASSET): V;
  ENDSETS
  DATA:
      !ASSET=GOOGLE, YAHOO, CISCO;
      ASSET, RATE, UB, V, RET_LIM=@OLE( );
  ENDDATA
  SUBMODEL SUB1:
      [RISK] MIN=@SUM(COVMAT(I,J): V(I,J)*INVEST(I)*INVEST(J));
      RETURN=@SUM(ASSET: RATE*INVEST);
      @SUM(ASSET: INVEST)=1;
      @FOR(ASSET: @BND(0,INVEST,UB));
      RETURN>=RET_LIM;
  ENDSUBMODEL
  CALC:
      !@SET('DEFAULT'); !@SET('TERSEO',2); @SET('STAWIN',0);
      @SOLVE(SUB1);
      @OLE( )=INVEST, RISK, RETURN;
  ENDCALC
  END
```

実行すると，図 6.4 の出力結果になる．F2 と F4 は LINGO で計算した利益

	A	B	C	D	E	F
1		Google	Yahoo	Cisco	期待利益	
2	利益	1.3	1.2	1.08	1.15	1.15
3	投資比率	0.182879	0.248054	0.569066	リスク	
4	分散共分散	3	1	-0.5	0.420963	0.421
5		1	2	-0.4	利益下限	
6		-0.5	-0.4	1	1.15	
7	投資上限	0.75	0.75	0.75		

図 6.4　汎用ポートフォリオ・モデルの出力 (図 604.xls)

とリスクであり，当然であるが Excel で計算したものと同じになっている．

6.4 効率的フロンティア(PORT03.lg4)

投資対象の銘柄から利益の最大値と最小値を計算し，それを10段階の利益の下限として変化させてポートフォリオ分析を行い，効率的フロンティア曲線を描くことにする．このため，利益の下限を配列 P(B10：B19)，それで求まった利益とリスクの配列を YRET(C10：C19)，XVAR(D10：D19)を定義し，Excel 上に同名のセル範囲名を設定する．

```
MODEL:
SETS:
   ASSET: RATE, UB, INVEST;
   COVMAT(ASSET, ASSET): V;
   POINTS: P, YRET, XVAR;
ENDSETS
DATA:
   NPOINTS=10;
   POINTS=1..NPOINTS;
   ASSET, RATE, UB, V=@OLE( );
ENDDATA
SUBMODEL SUB_RET_MAX:
   [OBJ_RET_MAX] MAX=RETURN;
ENDSUBMODEL
SUBMODEL SUB_RET_MIN:
   [OBJ_RET_MIN] MIN=RETURN;
ENDSUBMODEL
SUBMODEL SUB_MIN_VAR:
   [OBJ_MIN_VAR] MIN=
   @SUM(COVMAT(I, J): V(I, J)*INVEST(I)*INVEST(J));
```

```
   ENDSUBMODEL
   SUBMODEL SUB_CONSTRAINTS:
     RETURN=@SUM(ASSET: RATE*INVEST);
     @SUM(ASSET: INVEST)=1;
     @FOR(ASSET: @BND(0, INVEST, UB));
     RETURN>=RET_LIM;
   ENDSUBMODEL
   CALC:
     @SET('DEFAULT'); @SET('TERSEO',2);
     !Suppress status window; @SET('STAWIN',0);
     !Solve to get maximum return;
     RET_LIM=0;
     @SOLVE(SUB_RET_MAX,SUB_CONSTRAINTS);
     RET_MAX=OBJ_RET_MAX;
     @SOLVE(SUB_RET_MIN,SUB_CONSTRAINTS);
     RET_MIN=OBJ_RET_MIN;
     INTERVAL=(RET_MAX-RET_MIN)/(NPOINTS-1);
     RET_LIM=RET_MIN;
     @FOR(POINTS(I):
     @SOLVE(SUB_MIN_VAR,SUB_CONSTRAINTS);
     P(I)= RETURN;
     YRET(I)=RETURN; !RET_LIM;
     XVAR(I)=OBJ_MIN_VAR;
     RET_LIM=RET_LIM+INTERVAL;);
     @OLE( )=P,YRET,XVAR,INVEST,RETURN;
   ENDCALC
   END
```

最初の3つのSUBMODEL節で，利益の最大値，最小値，通常の分散の最小化を定義する．そして最後のSUBMODEL節で，制約条件を指定する．この組合せによって，目的関数を変えた3個のモデルを定義できる．例えば，次

6.4 効率的フロンティア(PORT03.lg4)

	A	B	C	D	E	F
1		Google	Yahoo	Cisco	期待利益	
2	利益	1.3	1.2	1.08	1.275	1.275
3	投資比率	0.75	0.25	0	リスク	
4	分散共分散	3	1	-0.5	2.1875	0.421
5		1	2	-0.4	利益下限	
6		-0.5	-0.4	1	1.15	
7	投資上限	0.75	0.75	0.75		
8						
9		Limit	Return	Risk		
10	1	1.144	1.144	0.417		
11	2	1.144	1.144	0.417		
12	3	1.147	1.147	0.418		
13	4	1.165	1.165	0.462		
14	5	1.183	1.183	0.576		
15	6	1.202	1.202	0.759		
16	7	1.220	1.220	1.011		
17	8	1.238	1.238	1.332		
18	9	1.257	1.257	1.723		
19	10	1.275	1.275	2.188		

図 6.5 効率的フロンティア曲線(図 605.xls)

の @ SOLVE(SUB_RET_MIN, SUB_CONSTRAINTS) コマンドの括弧の中の
「SUB_RET_MIN, SUB_CONSTRAINTS」は，この順に2つの SUBMODEL
節で与えられた文字列で定義された通常のポートフォリオモデルが実行される．
"@FOR(POINTS(I)： @SOLVE(SUB_MIN_VAR, SUB_CONSTRAINTS)；"
で，10段階に変えた10個のポートフォリオモデルが実行される．

この結果を，図6.5のようにExcelに出力する．そしてC10：D19の利益と
リスクの折れ線グラフを描く．これが効率的フロンティア曲線である．X軸
のリスクが増えるとY軸の利益も増大する．利益を最大に，リスクを最小に
する都合の良い投資はできないことを表す．このため，この曲線を見て，利益
とリスクのトレードオフを考える．最低ほしい利益を下限として与え，その
中でリスクを最小にするという決定などを行えばよい．図6.5の上部表中の利
益とリスクは，利益下限が1.275の一番大きな最後の計算結果である．このと
き，利益の一番大きなGoogleに上限の0.75投資し，次に利益の大きなYahoo
に0.25投資するというわかりやすい投資結果になる．

6.5 まとめ

マーコウィッツは1959年に平均/分散ポートフォリオモデルを提案[32]し
てから17年後の1976年にやっとノーベル経済学賞を受賞している．彼の理論
が実際に役立つことを示すためには，高速のコンピュータと，そのうえで株や
債券をデータベースに格納し，統計ソフトで平均や分散共分散行列を求め，数
理計画法ソフトで分析する必要がある．まさに金融機関が金のかかる装置産業
に変身する必要があった．

筆者が企業人であった際の一番大きな仕事は，東洋信託銀行㈱(現，三菱
UFJ信託銀行㈱)向けに，VAXの最大規模のミニコン，Oracleというデータ
ベース上の日経NEEDSの株と債券のデータ，統計ソフトのSASと数理計画
法ソフトのLINDOとGINO(当時500万円以上の定価のため売れていなかっ
たのでお礼に無償で納入)といったシステムの販売で数億円のビジネスをまと

めた.

本章の読みどころは，ノーベル経済学賞といっても数理計画法のモデルとして考えれば，重回帰分析の最小二乗法と同じ 2 次計画法の問題である．ただし，リスクとリターン (利益) といった 2 目的の最適化になる．与えられた利益をある水準以上という制約に置き換え，そのうえでリスクを最小化している．すなわち，利益の最大化とリスクの最小化を同時に行えず，投資はハイリスク・ハイリターンであることに注意してほしい．また，リスクはリターンの変動が大きいこと，すなわち上にも下にも触れることを意味していることに注意が必要である．

本章では，リターンのレベルを 10 段階で変えて最小リスクを求め，それを効率的フロンティアと呼ばれる曲線で表示した．すなわち，最適化モデルを連続して 10 回解いた結果である．

コラム 2

汎用モデルの理解のポイント

汎用モデルを理解する**第 1 のポイント**は，集合と配列の関係である．今標準 PC と高級 PC の 2 製品を集合 SEIHIN で定義する．製品の属性である利益 (PROFIT) と製造量 (PRODUCT) は要素数 2 の一次元配列になる．これらは，DATA 節で直接割り当て文で「PROFIT = 30　50 ; 」と指定することで要素数が 2 であることがわかる．また，「PROFIT = @OLE( ) ; 」で Excel からデータを入力することで汎用化の一歩になる．あるいは「SEIHIN/1 . . 2/ : 」か「SEIHIN/S　D/ : 」と定義することで明示的に要素数を定義できる．しかしこれは汎用化の妨げになる．一番良いのは，製品名を表すセル範囲名を Excel 上に定義し，「SEIHIN = @OLE( ) ; 」で Excel から製品名を読み込めば，製品数の変更を避けることができる．DEA では入力変数の個数や重みの上下限値を DATA 節で与えたが，これらも Excel 上に定義し @OLE( ) 関数で読み込めばよい．

第 2 のポイントは，集合の要素数が繰り返しの添え字になることである．「[OBJ] MAX = @SUM(SEIHIN(i) : PROFIT(i) * PRODUCT(i)) ; 」は，製

品数がどれだけあろうとも「$\Sigma_{i=1}^{2}$ PROFIT(i) * PRODUCT(i)」の一文で表される．また，「@FOR(PARTS(j)：USAGE(j)＜＝ZAIKO(j))；」の一文で次の3個の部品制約を表す「USAGE(j)＜＝ZAIKO(j)　j＝1, …, 3」．

第3のポイントは，PERTの図7.6で7個の作業(TASKS)に対し，7行7列の2次元集合PRED(TASKS, TASKS)を定義し，「PRED＝@OLE( )；」で49組から8組の(先行作業，後続作業)の2次元配列のペア情報を入力する．「@FOR(TASKS(J)｜J #GT# 1：」で「J≧2」に制限し，J＝2から7までの6個の次の制約式を表現する「ES(J)＝@MAX(PRED(I, J)：ES(I)＋TIME(I)))；」．例えばJ＝4なら，TASKSの4番目の要素であるPriceを後続作業とし，その先行作業Iの全てのペアに関して(ES(I)＋TIME(I))を計算し，最大値をES(4)に代入する．

第4のポイントは，SUBMODEL節で複数の最適化モデルを定義し，CALC節で@IFや@WHILE関数を使って制御できる．本書の第9章では，統計の神様Fisherが提唱しその後70年間世界の英才が開発してきた判別分析の手法が問題であることを実証研究で示したが，この技術があることで12年間行ってきた研究の最後の詰めをわずか最後の2カ月で行うことができた．

第7章 時間をうまく管理する人生の達人(PERT)

　数理計画法は，自然科学と異なり，人・金・物や満足度などを管理し，最適化する学問である．そして，人は金さえあれば人を雇い，物を購入できるので，とかく拝金主義に走りがちである．また，金の少なきを憂え，あたふたと時間を無駄にする．しかし，貧富の差に関係なく人間に平等に与えられているのが時間である．

　この時間というものは，人・金・物というような浮き世と違い，自然科学の範疇に属するので，管理の対象にすることの意識が少なかったようだ．すなわち，制御不可能なものと考えていたのではなかろうか．また，生あるものは，すべからく死を迎えるという大命題の前に，限りある時間をどう有効に使うかということに対し思考が停止してしまったのであろう．人は，金をもってしても自分の人生の時間をあがなうことはできない．ただ知恵によってのみ，時間をうまく使い，人の2倍3倍と時間を有効に使うことができる．

　時間を管理する手法のPERT(パート，Program Evaluation and Review Technique)は，20世紀になってやっと発見された方法である．なんとそれまでは，原始的な横線工程表(ガント・チャート)くらいしかなかった．ここに人間にとって最も貴重でありながら，管理することをあきらめていた時間に対する意識の欠落が読みとれる．

7.1　時間の管理

　外食したとき，従業員が多い割には，もたもたした店にたまに出くわす．な

んと手際の悪い店だ，あるいは能率の悪い店だという印象をもつことは一度ならずあるだろう．また，比較できないのでわからないが，きっとやりくり上手な奥さんと下手な奥さんがいるに違いない．公平を期せば，忙しそうに体を動かしていても，さっぱり成果の上がらない人もいる．そして，その理由を人間の能力というものに置き換えて納得してしまうから，それ以上なぜかという詮索は進まない．

また，現場作業者の作業改善は行きつくところまでいったが，中間管理職の生産性の改善は一向に進まない．その大きな理由は，時間管理に対する無知と惰性からきているのではなかろうか．ことほど左様に，時間を管理することは難しい．

(1) ガント・チャートと時間管理

不思議なことだが，時間を管理する工程管理の手法は，有史このかた第二次世界大戦前まで，ほとんど見るべきものはなかった．ただ，ガント・チャートとして知られる，お馴染みの工程別に開始と終わりを示す横線を描く程度のものがあっただけだ．

例えば，表 7.1 はある画期的な商品開発プロジェクトの作業工程のリストである．これを用いて，ガント・チャートを描いてみよう．ここで，作業名は各作業の工程を表し，LINGO で用いる決定変数でもある．この表の作業の所要時間（工数）と，作業者の都合を聞いて，適当に作業工程を決めることは，普段からよく行われている光景である．しかし，各作業の間には，ある作業が終わらないと開始できない作業がある．これらの関係を，先行作業と後続作業と呼ぶ．この情報を入れて図 7.1 のような工程表が一つの例としてできあがる．ここまでが，なんと人類 2000 年以上の知恵なのだ．

(2) ロッキード事件の遠因

筆者が敬愛する近藤次郎先生によれば，ロッキード事件の遠因は，ガント・チャートにあるということだ [20]．その心は，次の通りである．ロールス・ロ

7.1 時間の管理

表 7.1 製品の開発と販売

作業名	工数
Design	10
Forecast	14
Survey	3
Price	3
Schedule	7
Costout	4
Training	10

先行作業	後続作業
Design	Forecast
Design	Survey
Forecast	Price
Forecast	Schedule
Survey	Price
Schedule	Costout
Price	Training
Costout	Training

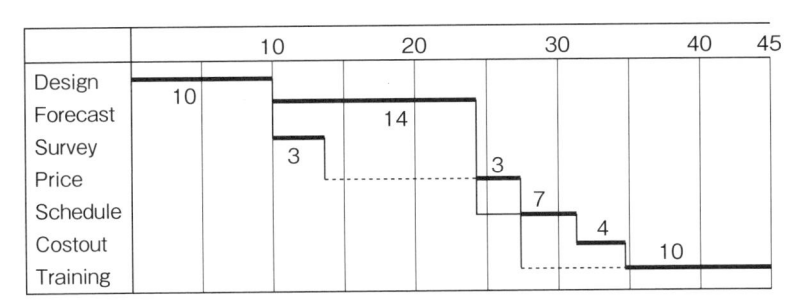

図 7.1 ガント・チャート

イス社といえば，英国の名門高級自動車メーカである．この会社はジェット・エンジン・メーカとしても有名だった．そして，ロッキード社から開発依頼を受けていたトライスターのエンジン開発プロジェクト管理に，このようなハイテク産業であるにもかかわらずガント・チャートを用いていた．これによって，開発が大きく遅れ，同社の倒産の原因となった．

一方，これが原因でトライスター開発に後れをとったロッキード社は，失地回復のためピーナッツ(田中角栄元首相に対する賄賂)を用いて日本に売り込まざるをえなかった．これが例のロッキード事件につながる一連の流れである．

このように，ガント・チャートの利用は，名門企業を倒産に追い込み，一国の総理の犯罪まで生んだわけだ．近代産業に，古めかしい管理手法と笑ってはいられない．

(3) 時間を制す

これに対してPERTは，表7.1の情報だけを用いて著しい成果を上げる画期的なプロジェクト管理の手法である．別に難しい理論は何もないのに，なぜわれわれの先祖は長らく発見できなかったのだろうか．そのような思いで，この章を読んでほしい．

PERTは，1956年に米海軍のSOP(Special Project Office)の艦船弾道ミサイル計画に始まっている．この計画の主要部分は，ポラリス型原子力潜水艦の開発だ．この時代，米国はソ連のスプートニク1号に後れをとり，国を挙げて，技術の遅れを取り戻すべく注力していた時代背景がある．

多くの企業を巻き込んだプロジェクトは，古今東西を問わず，納期遅れや開発費用の増大はあたりまえだ．そこで，SOPは，ロッキード社とブーツ・アレン・ハミルトン社から技術者派遣を受け，米海軍の中にOR班を作った．そこで開発されたのがPERTである．主な開発責任者は，数学者のC. E. Clarkといわれている．この手法は，ポラリス型原子力潜水艦建造で，当初予定していた7年を2年短縮するという成果を収めたといわれる．この成果をふまえて，米国政府は各種プロジェクトの計画にPERTによる分析結果を義務づけ

たことで広く知られることになった.

PERT は当初，日程管理が中心だった．その後，米国宇宙開発局(NASA)が，時間の他，人・金・物を含めた PERT/COST と呼ばれる手法に発展させた．　公共事業に限らないが，入札金額の妥当性だけでなく，工期の妥当性に関しても，米国のようにできるだけ客観的な提案書の内容で決めるという姿勢が重要だ．なぜなら，いい加減な計画はしっかりした PERT で分析できる基礎資料をもたないことが多いと考えられる．

7.2 PERT の概略

PERT は他のネットワーク問題と同じく，矢印線(アーク)とノードで表される．しかし，PERT を数理計画法で定式化する場合，多彩な定式化がある．一番わかりやすいのは自然表記である．作業(Activity)を矢印線とノードで表す2種類の定式化があり，双対なモデルになっている．しかし，自然表記はわかりやすいが，大規模な問題の作成に時間がかかる．この場合，集合と配列を用いた定式化を用いれば，学生でも社会に出て実際の問題が解ける.

表 7.1 のように Excel や Access に作業名と工数(週)，そして作業が先行作業と後続作業の関係にあるものだけをリストアップするだけでよい.

社会に出れば個人だけで行う作業は稀である．多くの人の協力で行われる作業をプロジェクトという．プロジェクトは，いくつかの同質な作業に分けられる．そして，各作業の工数(作業時間)を作業担当者を想定して見積もる．作業時間は楽観値，平均値(中央値)，悲観値の3点見積りで行うこともあるが，ここでは平均値を用いる.

なお，LINDO 社では確率計画法といって工数を表す変数に確率分布を想定する技術がすでに開発されているが，本書のレベルを超えるので触れないことにする.

各作業の先行作業と後続作業の関係から，図 7.2 の PERT 図を描くことができる．Design の開始はノード A で表し，終了を B で表し，作業そのものは

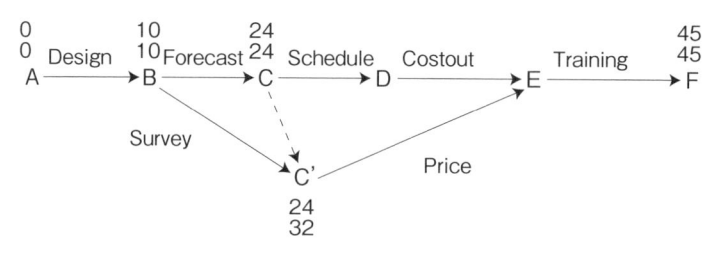

```
          0            10           24                                45
          0  Design    10 Forecast  24  Schedule      Costout  Training 45
          A ────────► B ─────────► C ────────► D ─────────► E ────────► F
                       \            ┊         ↗
                    Survey\          ┊       ╱
                           ╲         ┊      ╱  Price
                            ╲───────►C'────╱
                                     24
                                     32
```

図 7.2　PERT 図 1（Activity-on-Arc，AOA 表現）

```
                         Schedule ─────────► Costout
                        ↗                            ↘
          Design ────► Forecast ────► Price ────────► Training
                        ↘            ↗
                         Survey ────
```

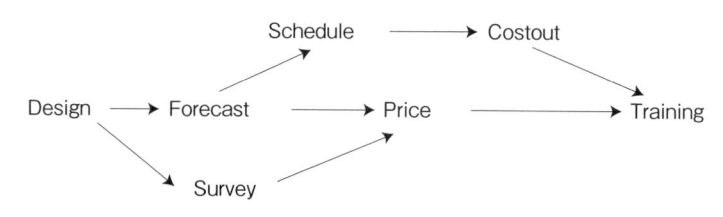

図 7.3　PERT 図 2（Activity-on-Node，AON 表現）

矢印線で表す．後続作業の Forecast は，ノード B が開始ノードで，ノード C で終了する．Schedule の先行作業は Forecast だけであり，Price の先行作業は Forecast と Survey である．このような場合，ノード C を C と C' の 2 つに分けて，C から C' への作業時間 0 のダミー作業（Dummy）を考えることで，Price の先行作業は Forecast と Survey で，Schedule の先行作業は Forecast だけになる．

　この PERT 図の表現方法は，矢線が作業（活動）を表すので Activity-on-Arc（AOA）表現といっている．これに対して図 7.3 は，作業（活動）をノードで表すので，Activity-on-Node（AON）表現という．この表現の場合，作業間の先行作業と後続作業が矢線で区別できるのでダミー作業を導入する必要がない．

7.3　手 計 算

　PERT の計算は，一度は手で計算して理解することが重要だ．ノード A の

上にプロジェクトの開始時間の 0 を書く．Design の最も早い完了時刻は 10 であり，これが Forecast の最も早い開始時刻（最早開始時刻）になる．これをノード B の上に記入する．すなわち，各ノードにはそれを開始ノードとする作業の最早開始時刻を記入していく．これをノード時刻ともいう．

表 7.1 より Survey の最も早い完了時刻は 13 である．しかし，Forecast の最早完了時刻は 24 で，ノード C の最早開始時刻は 24 になる．そのため，C′ の最早開始時刻は，ダミー作業の最も早い完了時刻の 24 と，Survey の 13 のうち最大の 24 になる．これがノード C′ の最早開始時刻になる．

つまり，Price の最早開始時刻はダミー作業と Survey が先行作業であるため，この 2 つの作業が終わらないと Price は作業に取り掛かれない．このように複数の先行作業があるノードの最早開始時刻（ノード時刻）は，複数の先行作業の完了時刻の MAX 演算になる．

以上の計算を続けていくと Training の完了時刻（F のノード時刻）は 45 週になりプロジェクトが完了する．

（設問 1）　D と E のノード時刻を計算しなさい．

この後，プロジェクトの完了時刻の 45 から開始時点まで，各作業を最も遅く開始できる最遅開始時刻を，後退法で次のように計算する．ただし，ノード F の最遅開始時刻は前進法で求めたノード時刻の 45 である．

　　　最遅開始時刻 ＝（作業の終了ノードの最遅開始時刻）－（作業時刻）

ノード E の Training の最遅開始時刻は，35（＝ 45 － 10）になる．ノード C′ すなわち Price の最遅開始時刻は 32（＝ 35 － 3）になる．同様にして Costout は 31（＝ 35 － 4）になる．Schedule の最遅開始時刻は 24（＝ 31 － 7）になる．ただし，ノード C は Schedule とダミー作業の複数の後続作業がある．ダミー作業の最遅開始時刻は 32（＝ 32 － 0）である．そこで，24 と 32 で MIN 演算を行い，これを後退法によるノード時刻として前進法のノード時刻の下に書く．MIN 値を計算するのは，24 より遅く開始すると Schedule 以降の作業経路が 45 で

終わらなくなるからである.

ノードBの最遅開始時刻は，Forecastの10(=24-14)とSurveyの29(=32-3)でMIN演算を行い10になる.

ノードAの最遅開始時刻は0になる.

Surveyの最早開始時刻は10で，最遅開始時刻が29であるので，10から29の間のいずれで作業を開始してもプロジェクトは遅延しない．すなわち19の余裕があり，数理計画法の用語ではスラックが19であるという．PERTでは，プロジェクト全体の完成に影響のない余裕を全余裕という．Surveyを29で開始すると，Survey以降の経路がクリティカル・パスになる．しかし，21(=24-3)までに始めれば後続のPrice以降の経路に影響を与えない．このようなものを自由余裕といっている．

このような余裕のある作業に，能力のある担当者を配置したり，余分な人員を配置したり，残業させることは無駄である．一方，Forecastは作業開始の選択の余地はなく10週目に開始しなければプロジェクト全体が遅れる．すなわちスラックは0になる.

スラック＝(最遅開始時刻)-(最早開始時間)

スラック(LINGOのプログラムではTSLACKとしている)が0の場合，作業の開始時刻を遅らせることができない．しかし正の場合，その時間だけ開始時刻を遅らせることができる．SurveyとPriceは，どちらかが19と8だけ開始時刻を遅らせても，プロジェクトの完成の45は影響を受けない．逆にスラックが0の作業は一刻たりとも作業開始を遅らせることができない．すなわち，Design → Forecast → Schedule → Costout → Trainingをクリティカル・パスといい，プロジェクトを完成させる作業の経路の中で一番最長な作業経路である．

> (設問2) 開始から終了まで，他の作業経路はいくつあるか．また，その作業時間の合計を求めよ.

7.4　自然表記による PERT の LP モデル 1（Primal，主問題）

　LINGO で PERT 図 1（AOA 表現）の問題を解決する方法は，他の数理計画法問題と異なり技巧的である．作業開始時点から特殊な"魔法の水"をこの PERT ネットワークに流す．作業名を決定変数にする．水が流れクリティカル・パスになる作業を表す決定変数の値を 1 に，クリティカル・パスにならない場合は 0 にする．すなわち，見せかけの 0/1 の整数計画法になる．ネットワークで表される問題は，0/1 型の整数計画法になる場合が多いが，LP で自然に解けることが多い．そして，プロジェクト全体の最長の作業経路時間を求めることを目的関数とする．制約条件は，作業開始時点のノード A には入力として 1 の水が注入される．各ノードでは「入力＝出力」の保存則がある．これは第 8 章の巡回セールスマン問題でも成り立っている．プロジェクト完了のノード F の出力は 1 である．

　以上を定式化すると，次のようになる．

```
MAX=10*Design+14*Forecast+3*Survey+7*Schedule+4*Costout+3*Price+10*Training;
Design=1;
Design=Forecast+Survey;
Forecast=Schedule+Dummy;
Survey+Dummy=Price;
Schedule=Costout;
Costout+Price=Training;
Training=1;
```

　出力から，値が 1 のクリティカル・パスがわかる（図 7.4）．

7.5　自然表記による PERT の LP モデル 2（Dual，双対問題）

　PERT 図 2 のもう一つの定式化として，A をノード Design の開始時刻を表す決定変数とする．後続作業の Forecast と Survey の開始時刻は B とし，

```
Global optimal solution found.
Objective value :      45.00000
Model Class :    LP

    Variable         Value      Reduced Cost
      DESIGN       1.000000       0.000000
    FORECAST       1.000000       0.000000
      SURVEY       0.000000      19.00000
    SCHEDULE       1.000000       0.000000
     COSTOUT       1.000000       0.000000
       PRICE       0.000000       0.000000
    TRAINING       1.000000       0.000000
       DUMMY       0.000000       8.000000
```

図 7.4　自然表記 (AOA 表現) の出力

Schedule と Price の開始時刻を C とする．Costout は D，Training の開始時刻 E とする．

ノード F を Training の終了時刻として (F − A) を最小にしたい．各作業の終了時刻と開始時刻の差は，要求する作業時間以上である必要がある．このような定式化で次の LP モデルが定式化できる．これは，「LP モデル 1」の双対モデル (AON 表現) になっている．

```
MIN=f − a;
b − a>10;
c − b>14;
d − c>7;
e − d>4;
c − b>3;
e − c>3;
f − e>10;
```

このモデルを解くと，図 7.5 から各作業の最早開始時刻とプロジェクトの完

7.6 集合表記による PERT モデル(MAX/MIN 演算を伴う非線形モデル)

```
Global optimal solution found.
Objective value :       45.00000
Model Class :      LP

Variable           Value         Reduced Cost
    F            45.00000          0.000000
    A             0.000000         0.000000
    B            10.00000          0.000000
    C            24.00000          0.000000
    D            31.00000          0.000000
    E            35.00000          0.000000
```

図 7.5 自然表記(AON 表現)の出力

了時刻が 45 であることがわかる．

以上の 2 つの自然表記に対し，洗練された汎用モデルもあるが，紙幅の都合で割愛する．

7.6 集合表記による PERT モデル(MAX/MIN 演算を伴う非線形モデル)

PERT の自然表記モデルは，手計算と異なっていた．もし手計算の MAX と MIN 演算による方法を定式化するとすれば，次の 2 つの集合表記になる．

(1) AON 表現のモデル(PERT6.lg4)

まず，図 7.6 でセル範囲「A2 : B9」に PRED,「C2 : C8」に TASKS,「D2 : D8」に TIME,「E2 : E8」に ES,「F2 : F8」に LS,「G2 : G8」に SLACK というセル範囲名を定義する．これによって「@ OLE( )関数」でデータを Excel から入出力できる．この利点は，Excel シートのデータを変更しても LINGO モデルを変更する必要がなくなり，汎用の PERT モデル(PERT6.lg4)になる．

第7章 時間をうまく管理する人生の達人(PERT)

	A	B	C	D	E	F	G
1	PRED		TASKS	TIME	ES	LS	SLACK
2	DESIGN	FORECAST	DESIGN	10	0	0	0
3	DESIGN	SURVEY	FORECAST	14	10	10	0
4	FORECAST	SCHEDULE	SURVEY	3	10	29	19
5	SURVEY	PRICE	PRICE	3	24	32	8
6	FORECAST	PRICE	SCHEDULE	7	24	24	0
7	SCHEDULE	COSTOUT	COSTOUT	4	31	31	0
8	PRICE	TRAINING	TRAINING	10	35	35	0
9	COSTOUT	TRAINING					

図 7.6　汎用 PERT モデル(MAX/MIN 演算，図 706.xls)

以下が LINGO のモデルで，非線形計画法になる．集合節で，7個の作業から構成される集合 TASKS(作業)を定義し，その属性の配列 TIME(作業時間)，ES(最早開始時刻)，LS(最遅開始時刻)，SLACK を定義する．また8行2列の2次元集合 PRED で8組の疎な[†]「先行作業と後続作業のペア」を定義する．

DATA 節では，TASKS, PRED, TIME の値を Excel から入力する．

その後は，PERT の非線形モデルである．例えば，"@FOR(TASKS(J) | J #GT# 1:" で "J＞1" すなわち "J≧2" に制限する．これによって次の J = 2 から7までの6個の制約式が表現される．なぜなら ES(1) はその後で，すでに0に設定しているからである．

```
ES(J)=@MAX(PRED(I,J): ES(I)+TIME(I)));
```

例えば J = 4 なら，TASKS の4番目の要素である Price を後続作業とし，その先行作業 I のペアに関して (ES(I) + TIME(I)) を計算し，最大値を ES(4) に代入する．この計算に該当するペアは，(Survey, Price) と (Forecast, Price)

[†] 先行作業と後続作業のペアは，理論上 $_7C_2$ = 42 個ある．実際は8組であるので，集合 PRED はこの8組を，疎な要素として定義している．

7.6 集合表記による PERT モデル(MAX/MIN 演算を伴う非線形モデル)

の 2 個しかないので次の計算になる.

ES(4)=@MAX(PRED(I,4): ES(I)+TIME(I)))=@MAX((ES(Survey)+TIME(Survey)), (ES(Forecast)+TIME(Forecast)))=@MAX((10+3),(10+14))=24;

次の "@FOR(TASKS(I) | I #LT# LTASK: LS(I) = @MIN(PRED(I, J): LS(J) – TIME(I)); ;)" は,プロジェクトの完了から開始に向けて逆向きの MIN 演算を行う.ただし,"LTASK = @SIZE(TASKS);" でもって LTASK に作業数の 7 が入り,"LS(LTASK) = ES(LTASK);" でもって LS(7) に ES(7) の 35 が設定される.この最遅開始時刻から出発し,後退法の MIN 演算を行っていく.

"@FOR(TASKS(I): SLACK(I) = LS(I) – ES(I));" は,全ての作業のスラックを計算する.

```
MODEL:
SETS:
  TASKS: TIME, ES, LS, SLACK;
  PRED(TASKS, TASKS);
ENDSETS
DATA:
  TASKS, PRED, TIME=@OLE( );
ENDDATA
@FOR(TASKS(J)| J #GT# 1: ES(J)=@MAX(PRED(I,J): ES(I)+TIME(I)));
@FOR(TASKS(I)| I #LT# LTASK: LS(I)=@MIN(PRED(I,J): LS(J)-TIME(I));););
@FOR(TASKS(I): SLACK(I)=LS(I)-ES(I));
ES(1)=0;
LTASK=@SIZE(TASKS);
LS(LTASK)=ES(LTASK);
DATA:
  @OLE( )=ES, LS, SLACK;
ENDDATA
END
```

このモデルを解くと Excel のセル範囲 ES, LS, SLACK に，図 7.6 の出力が得られる．注意すべきは，最後の作業 Training の最早作業($ES(7)$)と最遅作業($LS(7)$)は Training の完了時間ではないので，$35+10=45$ がプロジェクト完了時間になる．これは Training の後続作業がないため，前進法で MAX 演算ができないためである．@IF 文で別途 Training の終了を計算してもよいが，本質的でないので割愛する．また，MAX と MIN 演算を行っているので，非線形計画法モデルであることに注意すべきだ．

(2) AOA 表現(PERT7.lg4)

図 7.7 の Excel データで，AOA 表現で PERT-CPM の問題を解くことにする．TASKS(E3：E10)と NODES(A3：A9)の1次元集合を定義する．そしてこれを用いて，3次元の派生集合 ARCS(E3：G10)を定義する．最初の引数は作業であり，2番目の引数は各作業の開始ノード，3番目は終了ノードである．最初の TASKS はプロジェクトの開始作業の DESIGN，最後は終了作業の TRAINING を指定し，それ以外は順不同である．

SETS:
 TASKS: TIME, TSLACK; NODES: ES, LS, NSLACK; ARCS(TASKS, NODES, NODES);

	A	B	C	D	E	F	G	H	I
1	Data for a PERT Problem in Activity-on-Arc Form								
2	NODES	ES	LS	SLACK	TASKS	ARCS	(to)	TIME	TSLACK
3	A	0	0	0	DESIGN	A	B	10	0
4	B	10	10	0	FORECAST	B	C	14	0
5	C	24	24	0	SURVEY	B	CD	3	19
6	CD	24	32	8	dummy	C	CD	0	8
7	D	31	31	0	PRICE	CD	E	3	8
8	E	35	35	0	SCHEDULE	C	D	7	0
9	F	45	45	0	COSTOUT	D	E	4	0
10					TRAINING	E	F	10	0

図 7.7　AOA 表現による出力(図 707.xls)

```
ENDSETS
DATA:
  NODES,TASKS,ARCS,TIME=@OLE( );
ENDDATA
  ES(1)=0; !Earliest event is at time 0;
  @FOR(NODES(j)| j #GT# 1: ES(j)=@MAX(ARCS(t,i,j): ES(i)+TIME(t)));
    LNODE=@SIZE(NODES); LS(LNODE)=ES(LNODE);
  @FOR(NODES(i)| i #LT# LNODE: LS(i)=@MIN(ARCS(t,i,j): LS(j)-TIME(t));));
  @FOR(NODES(i): NSLACK(i)=LS(i)-ES(i));
  !Slack for a task/activity is=LS of its to-node minus ES of its from-
    node+task time;
  @FOR(ARCS(t,i,j): TSLACK(t)=LS(j)-(ES(i)+TIME(t)));
DATA:
  @OLE( )=ES,LS,NSLACK,TSLACK;
ENDDATA
```

NSLACKは自由余裕といい，Priceを8以内で遅らせても他の作業の最早開始時刻には影響がない．TSLACKは全余裕であり，最早開始時刻をSurveyで19，Priceで8遅らせるとプロジェクトは45で完成しない．図7.7は，AOA表現による出力である．みなさんが利用する場合，このモデルを用いるとよい．

7.7 自分で考えてみよう

(1) 考えてみよう

図7.8は，家を建てるプロジェクトである[2]．作業は，Dig(基礎地盤の掘削)，Found(基礎コンクリート打ちこみ)，PourB(基礎床コンクリート打ちこみ)，Joists(床梁の据え付け)，Walls(壁の据え付け)，Rafters(垂木の取り付け)，Floor(床板張り)，Rough(内装下地)，Roof(屋根張り)，Finish(内装仕上げ)，Scape(造園)の11個に分かれている．この図から，AOA表現のPERT

第7章 時間をうまく管理する人生の達人(PERT)

	A	B	C	D	E	F	G	H	I
1	NODES	ES	LS	NSLACK	TASKS	ARCS(from)	(to)	TIME	TSLACK
2	A	0	0	0	Dig	A	B	3	0
3	B	0	0	0	Found	B	C	4	0
4	C	0	0	0	PourB	C	E	2	0
5	D	0	0	0	Joists	C	D	3	0
6	E	0	0	0	Walls	C	E	5	0
7	F	0	0	0	Rafters	E	G	3	0
8	G	0	0	0	Floor	D	F	4	0
9	H	0	0	0	Rough	F	H	6	0
10	I	0	0	0	Roof	G	H	7	0
11					Finish	H	I	5	0
12					Scape	E	I	2	0

図7.8 家の建築プロジェクト(図708.xls)

図を描いて自然表記で解を求め,その分析レポートを作成してみよう.また,集合表記を用いて分析してみよう.ただし,ダミー作業を入れて修正する必要がある.

(2) 解 答

ダミー作業は,ノードEのように複数の先行作業(PourBとWalls)の終了ノードになっている場合,モデルの都合で一番大きな作業時間のWallsの後にEDというダミーノードを入れて,EDとEの間にダミー作業を定義して,図7.9のように修正する.

そしてAOAの集合モデルを実行すると分析結果が得られる(PERT7.lg4を使用する).Dig → Found → Walls → Dummy → Rafters → Roof → Finish がクリティカル・パスになる.

7.8 まとめ

筆者は本章のPERTはDEAと並んで,全国の学生が経営科学で学ぶテーマの中核と考えている.大学までは他の学生との競争である.しかし,社会人

	A	B	C	D	E	F	G	H	I
1	NODES	ES	LS	NSLACK	TASK	ARCS(from)	(to)	TIME	TSLACK
2	A	0	0	0	Dig	A	B	3	0
3	B	3	3	0	Found	B	C	4	0
4	C	7	7	0	Pour	BC	E	2	3
5	D	10	12	2	Joist	C	D	3	2
6	E	12	12	0	Walls	C	ED	5	0
7	ED	12	12	0	DUMMY	ED	E	0	0
8	F	14	16	2	Rafte	E	G	3	0
9	G	15	15	0	Floor	D	F	4	2
10	H	22	22	0	Rough	F	H	6	2
11	I	27	27	0	Roof	G	H	7	0
12					Finis	H	I	5	0
13					Scape	E	I	2	13

図 7.9　家の建築プロジェクト（図 709.xls）

になれば，多くの場合，複数の人間で協力して一つの仕事を完成させる必要がある．このような場合，時間や日程を管理する PERT を用いることは容易であり，効果的でもある．

しかし日本では，大手ゼネコンなどの一部を除いて不思議なことにほどんと PERT は利用されていない．一つには，専用の PERT ソフトは高額であり，安価なソフトがなかったためである．それほど大規模なプロジェクトでなければ，Excel 上にデータを準備して，LINGO の評価版でも答えが出せるであろう．全ての産業で，一定の工数が予定されるプロジェクトでは，PERT で検討することを義務づけるべきであろう．

筆者は，情報処理産業に勤めていた．米国ではビル・ゲイツのような自称プログラマーが億万長者になっている．しかし，日本の情報処理産業は本来大学卒業者の希望の受け皿になるべきであったが，比較的安い賃金で深夜労働が日常茶飯事の状態である．また，知識産業を目指すことなく，下請，孫請けの建設業界を手本としているところに経営者の志の低さが見える．その建設業界では，すでに世界に仕事を求める企業も輩出しており，情報産業は建設業界にも遅れをとっているという問題がある．

ところで，PERT ほどいろいろなモデルで定式化できるものも少ない．自然表記であっても，AOA 表現と AON 表現で異なった定式化ができる．また，LP による定式化と，MAX/MIN 演算による非線形モデルで定式化ができる．多くのテキストでは，AOA 表現しか紹介していない．場合によってダミー作業が必要であるが，AON 表現よりわかりやすいかもしれない．みなさんの好きな方で分析すればよいだろう．

第8章 巡回セールスマン問題

8.1 一筆書きの世紀の難問

巡回セールスマン問題 (Traveling Salesmen Problem, TSP) は，問題の構造はいたって簡単である．しかし，大きな問題を解く場合，組合せの爆発により計算時間の壁にぶち当たる，整数計画法の難問である．

営業マンが指定された都市を訪問し，製品の販売を行う．このとき，本拠地から出発し，一筆描きの要領で，各都市を一度だけ最短の距離(時間)で訪問し，本拠地へ戻ってくることにする．この問題を考える場合，日本の都道府県所在地を巡回することが考えられる．経度と緯度の位置情報からユークリッド距離を用いるとデータの作成が一番容易である．しかし，4つの島に散らばっているので，単なる直線距離ではうそっぽい．その点，米国の主要都市であれば地続きであり，日本より矩形に近いので例としてよく取り上げられる．

そこで，L. Schrage が書いた解説書[24]で取り上げている，「風とともに去りぬ」の舞台であるアトランタ(ATL)，LINDO Systems Inc. のあるシカゴ(CHI)，シンシナティ(CIN)，石油と航空機産業の町ヒューストン(HOU)，西海岸の拠点ロスアンゼルス(LA)，フランス系カナダ人の中心地モントリオール(MON)，金融やビジネスの世界の中心ニューヨーク(NY)，自由の鐘があるフィラデルフィア(PHI)，かつての鉄鋼業の中心であり AHP の開発者 T. Saaty の住むピッツバーグ(PIT)，セントルイス(STL)，軍港と観光のサンディエゴ(SD)，霧の町サンフランシスコ(SF)の12都市で考えることにする．

表8.1 は，これらの都市間の距離を表す，12行×12列の距離行列である．

表 8.1　北米主要 12 都市の都市間の距離行列 (TSP.xls)

	ATL	CHI	CIN	HOU	LA	MON	NY	PHI	PIT	STL	SD	SF
ATL	0	702	454	842	2396	1196	864	772	714	554	2363	2679
CHI	702	0	324	1093	2136	764	845	764	459	294	2184	2187
CIN	454	324	0	1137	2180	798	664	572	284	338	2228	2463
HOU	842	1093	1137	0	1616	1857	1706	1614	1421	799	1521	2021
LA	2396	2136	2180	1616	0	2900	2844	2752	2464	1842	95	405
MON	1196	764	798	1857	2900	0	396	424	514	1058	2948	2951
NY	864	845	664	1706	2844	396	0	92	386	1002	2892	3032
PHI	772	764	572	1614	2752	424	92	0	305	910	2800	2951
PIT	714	459	284	1421	2464	514	386	305	0	622	2512	2646
STL	554	294	338	799	1842	1058	1002	910	622	0	1890	2125
SD	2363	2184	2228	1521	95	2948	2892	2800	2512	1890	0	500
SF	2679	2187	2463	2021	405	2951	3032	2951	2646	2125	500	0

対角線上は 0 であり，対角線を挟んで対象になっている．場合によって，都市 i と都市 j の距離を d_{ij} で表すと，$d_{ij} \neq d_{ji}$ の非対称問題も扱えるが，ここでは対称と考える．

8.2　TSP の定式化

TSP の問題の基本はいたって簡単である．都市 i から都市 j へ移動する場合，$Y_{ij} = 1$ と表すことにする．移動がない場合は 0 である．
目的関数は，次の式になる．

$$MIN = \Sigma d_{ij} \times Y_{ij} \quad i = 1, \cdots, n \quad j = 1, \cdots, n$$

そして，都市 k に他の $(n-1)$ 都市の 1 都市だけからくるので，次の制約になる．

$$\Sigma_{i=1,\cdots,n} Y_{ik} = 1 \quad i = 1, \cdots, n, \quad i \neq k$$

一方，都市 k から他の $(n-1)$ 都市の 1 都市だけに行けるので，次の制約になる．

$\Sigma_{j=1,\cdots,n} Y_{kj} = 1 \quad j = 1, \cdots, n, \quad j \neq k$

ただし，上の式で現在の都市に行くことを禁止するため，次の制約を付け加える．

$Y_{kk} = 0 \quad k = 1, \cdots, n$

すなわち，次のようなモデルになる．

$MIN = \Sigma\, d_{ij} \times Y_{ij} \quad i = 1, \cdots, n,\ j = 1, \cdots, n$
$\Sigma_{i=1,\cdots,n} Y_{ik} = 1 \quad i = 1, \cdots, n,\ i \neq k$
$\Sigma_{j=1,\cdots,n} Y_{kj} = 1 \quad j = 1, \cdots, n,\ j \neq k$
$Y_{kk} = 0 \quad k = 1, \cdots, n$

ただし，Y_{ij} は 0/1 の整数変数．

このモデルは，一般には「割り当て問題」として知られている数理計画法の代表的な問題である．10.3 節の輸送計画と同じ構造である．

モデルの定式化はずいぶん簡単で，Y_{ij} を 0/1 の整数変数とする点である．都市数を n とすれば，(n^2-n) だけの整数変数が必要となる．10 都市で 90 個の整数変数，20 都市で 380 個の整数変数であることが次の Speakeasy の計算でわかる．300 都市もあれば，何と 89700 個の整数変数になる．

```
:_N=10  20  30  50  70  100  200  300
:_N**2-N
N**2-N (A  8  Component Array)
    90    380    870   2450   4830   9900  39800  89700
```

もし整数変数が単に 0/1 であっても，次の計算に示す通り，10 都市で 10 の 27 乗の組合せ問題になる．20 都市と 30 都市で，10 の 114 乗，10 の 261 乗通りの場合になる．40 都市になると Speakeasy でもオーバーフローしてしまう．すなわち，整数計画法は"一休さんの頓知問題"よろしく，「組合せの爆発」が起きる．

```
:_N=10  20  30
```

:_N**2-N
   N**2-N (A 3 Component Array)
    90   380   870
:_LOG10(2**(N**2-N))
   LOG10(2**(N**2-N))(A 3 Component Array)
   27.93   114.39   261.9

8.3 TSP の真の困難さ

TSP は，計算の困難さを物語る代表選手のように解説されてきた．その理由としては，0/1 の整数変数が多いことである．しかし，割り当て問題は 0/1 の整数変数で定式できるが，多くの問題は $0 \leqq Y \leqq 1$ の制約を課して LP モデルで解く定式化もできる．

TSP の真の困難さは，いくつかのサブ・ツアー（部分旅行）に分かれてしまい，LP で簡単に解くことができないことである．すなわち，「一筆書きの条件」が入っていない．このため，2007 年 11 月に筆者が L. Scharge のテキスト[24]を翻訳中であった，LP で解いて，できたサブ・ツアーをマニュアルで切断する方法が解説されていた．例えば，3 都市が次のように巡回していたとする．

$Y(1, 4)+Y(4, 8)+Y(8, 1)$　　（ATL → HOU → PHI → ATL）

このとき，次のステップで次のような制約を課す．

$Y(1, 4)+Y(4, 8)+Y(8, 1) \leqq 2$

これが SUBTOUR CUT（サブ・ツアー切断）である．これで 3 都市の巡回閉ループが切断され，他のサブ・ツアーと融合して最終的に一つのツアーに成長することを期待する．

筆者は，正直いって面白いが，手でこの作業を実施することが面倒だと思った．しかし，2007 年 12 月中旬に LINGO（Ver.10）の Samples フォルダーを見ていて，LOOPTSP というモデルを見てびっくりした．何と，手作業なしでサブ・ツアー切断が自動的に行うことができる．筆者は，自分で確かめもしない

で，「LINGO 10 の衝撃」というレポートを書いた．そして，知り合いの会津にある Spansion という富士通と米国の合弁企業の所長に「半導体設計のデータをもらえないか」というお願いをした．

しかし，2008 年の 1 月の中旬，ひょんなことで経済学部の共同研究室で同僚と話していて，関東圏の不動産物件をメッシュ分割した領域から 1 件ずつ取り出したものを一筆書きで結びたい，ということを聞いた．早速彼からデータをもらい，分析を始めた．最初 LOOPTSP(Ver.1) で解くと米国の都市ではうまくいくのに，彼のデータでは小さなサブ・ツアーがたくさんでき，それがサブ・ツアー切断で成長していかない．そこで，整数計画法で解くとサブ・ツアー切断は行われたが，30 都市ぐらいが計算時間の限度である．理由は，まだ確実ではないが，等間隔の格子領域から不動産を選んだため，隣接する距離がほぼ等間隔のためではないかと考える．

そこで，L. Scharge 教授と何度かメール交換し，LOOPTSP(Ver.4，非公開) でようやくやりたい 220 都市の問題が解けるようになった．48180 整数変数である．結局，単に整数変数が多いだけでなく，TSP の真に困難な点は，サブ・ツアー切断のためのアルゴリズムの組み方しだいで計算速度が著しく異なること，同じ PC で計算しても内部メモリーの設定の違いで極端に異なってくることである．

米国では，Greedy 法つまり最適化でなく試行錯誤的なアプローチで数千都市，数万都市の問題に対応しているようだ．その場合は，LINDO API のような C 言語のライブラリーで特注のプログラムを組んで，並列処理コンピュータなどで分析すべきであろう．

8.4 簡単な実行可能解

難問の TSP も，実行可能解は読者でも手計算で求めることができる．筆者も，一時 100 都市を越えられず，クラスター分析の結果を利用した満足解で妥協しようかと思った．しかし，2010 年 2 月 27 日に成蹊大学理工学部の同僚か

ら種々の情報を教えてもらった．本人の希望で名前を伏せて I 教官と呼ぶ．

それは，表 8.1 で一番距離の近い都市を探すと，ニューヨークとフィラデルフィアの距離が 92 である．これで，ニューヨーク (NY) を出発都市として，次にフィラデルフィア (PHI) に行くことにする．次に PHI 行で NY 列は省いて一番距離の近い都市を探すとピッツバーグ (PIT) である．これで，NY → PHI → PIT というツアーになる．その後同じような手順で進めると，(NY →)PHI → PIT → CIN → CHI → STL → ATL → HOU → SD → LA → SF → MON → NY という一筆書きが完成する．

表 8.2 は，ツアーが行われた場合を 1 にした行列 Y である．各行と各列の合計が 1 であることを下と右横で計算する．最右端の列は距離を表す．結局，総移動距離は 8063 になる．

表 8.2 最近隣法によるツアー

	ATL	CHI	CIN	HOU	LA	MON	NY	PHI	PIT	STL	SD	SF		8063
ATL	0	0	0	1	0	0	0	0	0	0	0	0	1	842
CHI	0	0	0	0	0	0	0	0	0	1	0	0	1	294
CIN	0	1	0	0	0	0	0	0	0	0	0	0	1	324
HOU	0	0	0	0	0	0	0	0	0	0	1	0	1	1521
LA	0	0	0	0	0	0	0	0	0	0	0	1	1	405
MON	0	0	0	0	0	0	1	0	0	0	0	0	1	396
NY	0	0	0	0	0	0	0	1	0	0	0	0	1	92
PHI	0	0	0	0	0	0	0	0	1	0	0	0	1	305
PIT	0	0	1	0	0	0	0	0	0	0	0	0	1	284
STL	1	0	0	0	0	0	0	0	0	0	0	0	1	554
SD	0	0	0	0	1	0	0	0	0	0	0	0	1	95
SF	0	0	0	0	0	1	0	0	0	0	0	0	1	2951
	1	1	1	1	1	1	1	1	1	1	1	1		

8.5 TSPの応用

　TSP問題は，巡回セールスマン問題と呼ばれているため，みなさんは重要な問題解決法とは考えないかもしれない．産業に応用したとしても，飲み物やタバコの自販機に商品を補充するルートセールスぐらいは思いつく．また宅配便の場合，毎日経路が変わるし，顧客の指定時間の制約もあり単純にTSPを適用できないだろう．

　しかし，これは製造現場でいろいろな応用が考えられる．

- 回路を設計する場合，結線を行うロボットの移動時間を最小になるように設計したい．
- 複数の作業場所と，複数の部品保管庫の間の往来を最適化したい．
- 一つの機械で数種類のペンキを吹きつけている．この場合，違った色に換える段取り費用や時間は，換える色の組合せで異なってくる．このような場合，順序を工夫する必要がある．
- 筆者のように，共同研究で関東圏の不動産物件を一筆書きしたいという，思ってもみない要求にも対応できる．

8.6 成蹊大学元教授のメモ　（商用版利用）†

　I教官から，元教授の「一筆書き」のメモを見せてもらった．これは彼が考えたアイデアか否かは不明である．サブ・ツアー切断の代わりに次の制約条件を入れる．U_i は都市 i が何番目に訪問するかの順位を表す．ただし，最初の出発都市を指定する．なぜこの条件式で一筆書きができるかは，式を具体的に書いてみればわかる．あるいは，[LINGO]→[Generate]→[Display model]で自然表記の式を出力すればよい．

$$U_i - U_j + n \times Y_{ij} \leq (n-1) \qquad i = 2, \cdots, n, \ j = 2, \cdots, n$$

---

† TSP.lg4 は，整数変数を $12 \times 12 = 144$ 個指定しているので，評価版では稼動しない．

ただ，このメモの通りやるとうまくいかない．そこで，U は 1 から 12 の値に制約し，1 行目のアトランタを最後に訪問($U(1) = 12;$)することに指定した次のモデルを作成した(TSP.lg4)．i と j の初期値を 1 からにすると実行可能解がない．また，アトランタを 1 にすると最後の訪問都市も 1 になる．

```
MODEL:
SETS:
  CITY: U;
  LINK(CITY,CITY): DIST,Y;
ENDSETS
DATA:
  CITY,DIST=@OLE( );
ENDDATA
S=@SIZE(CITY); U(1)=S;
[OBJ] MIN=@SUM(LINK(i,j): DIST(i,j)*Y(i,j));
  @FOR(CITY(k):
  @SUM(CITY(i)|I #NE# K: Y(I,K))=1;
  @SUM(CITY(j)|J #NE# K: Y(K,J))=1;
    !Cannot go to yourself; Y(K,K)=0;);
  @FOR(LINK(i,j): @BIN(y(i,j)););
  @FOR(LINK(i,j)|i #ge#2 #and# j#GE#2: U(i)-U(j)+S*Y(i,j)<=S-1;);
  @FOR(CITY(i): @BND(1,U(i),12););
DATA:
  @OLE( )=Y,U,OBJ;
ENDDATA
END
```

これを解くと，TSP.xls に図 8.1 のように結果が Y(B17：M28) と U(N17：N28) と目的関数の値(OBJ, N29)のように出力される．アトランタ(ATL)が最後の訪問都市である．17 行目を見ると，ヒューストン(HOU)を最初の出発都市とすることがわかる．アトランタの U の値は 12 になっている．次にヒュー

OBJ 7577

	ATL	CHI	CIN	HOU	LA	MON	NY	PHI	PIT	STL	SD	SF	U
ATL	0	0	0	1	0	0	0	0	0	0	0	0	12
CHI	0	0	0	0	0	1	0	0	0	0	0	0	6
CIN	1	0	0	0	0	0	0	0	0	0	0	0	11
HOU	0	0	0	0	0	0	0	0	0	0	1	0	1
LA	0	0	0	0	0	0	0	0	0	0	0	1	3
MON	0	0	0	0	0	0	1	0	0	0	0	0	7
NY	0	0	0	0	0	0	0	1	0	0	0	0	8
PHI	0	0	0	0	0	0	0	0	1	0	0	0	9
PIT	0	0	1	0	0	0	0	0	0	0	0	0	10
STL	0	1	0	0	0	0	0	0	0	0	0	0	5
SD	0	0	0	0	1	0	0	0	0	0	0	0	2
SF	0	0	0	0	0	0	0	0	0	1	0	0	4
	1	1	1	1	1	1	1	1	1	1	1	1	7577

図 8.1 サブ・ツアー切断なしの方法(TSP.xls)

ストンの行をみるとサンディエゴ(SD)を訪問し，Uは1になっている．結局，訪問都市順は(ATL →)HOU → SD → LA → SF → STL → CHI → MON → NY → PHI → PIT → CIN → ATL で，総移動距離は 7577 である．前の最近距離法の 8063 と比べると(8063 − 7577)/7577 = 0.064141 になる．最近隣法は最適解より，6.4% 余分な距離を移動したことがわかる．

> （設問 1） Uに関する制約をコメント化すると，サブ・ツアーが観測される．いくつのサブ・ツアーができるか確認してみよう．

サブ・ツアー切断を自動的に行うモデルは，本書のレベルを超えるので，LINGO の Samples フォルダーの LOOPTSP を参照してほしい．この他，LOOPSTAFF，LOOPPORT，LOOPOLE，LOOPCUT(鉄板や紙のロールの自動切断)，LOOPKBEST，LOOPBINS などは，かなり高級なモデルである．

8.7 まとめ

巡回セールスマン問題は，一筆書きであり遊びの要素をもっているが，プリント基板の結線や作業手順の効率化に用いられる．ただし，一般にはサブ・ツアー切断というテクニックを用いる必要があり，モデル化の仕方で著しく計算

時間が異なる．またある程度の大規模な問題は，LINGO や What'sBest! といったパッケージで見当をつけた後，LINDO API のような C 言語のライブラリーで専用のソフトを作らないと解決できないであろう．

またサブ・ツアー切断を行う汎用モデルの LOOPTSP は，LINGO の Samples フォルダーに入っているが，説明に紙面を費やすので説明を省いた．その代わり，成蹊大学の元教授のメモに基づくわかりやすいアルゴリズムを用いて定式化したものを紹介した．

第9章 回帰分析と判別分析

筆者は，2008年の年賀状に「統計を卒業し，今後の人生を数理計画法の普及に専念する」という内容の抱負を書いて知人に出した．しかし，よく考えてみると，統計の研究にLINGOが一番役に立つことを十分認識していなかった．何しろ数式で定式化できるもの全てが数理計画法の対象である．

実は，1997年から最小誤分類数(Minimum Number of Misclassifications, MNM)基準による最適線形判別関数の研究を行ってきた．2007年まではExcel上で稼働する最適化ソフトのWhat'sBest!(WB!)を用いて研究してきた．成蹊大学の教授になる前は，情報処理産業にいたが，プログラマーやSEの経験を積まず，企画や研究職のような職歴しか経験していない．このため，WB!をVisual Basicで制御し，複雑な最適化計算する能力がなかった．それがLINGOで簡単に行えるようになり，2010年の1月と2月に大規模な100重交差検証法で，JMPを用いたFisherの線形判別関数(LDF)とロジスティック回帰の分析結果と比較実験を行うことができた．

そして統計学の巨人Fisherが，1936年に統計学で重回帰分析と並んで最も重要な判別分析の世界を切り開き，その後80年にわたり世界の英知が数々の判別手法を開発してきた．しかし，正規分布などの確率分布に基づくアプローチに固執したため，判別分析に横たわる問題点を克服できなかった．これらの問題点が全て最適線形判別関数で解明[4]され，しかも判別成績は圧倒的に良い結果が得られた．

9.1 統計手法も数理計画法の領域だ

　回帰分析，判別分析，コンジョイント分析の雛型モデルも Samples フォルダーにある．結局，汎用統計ソフトでカバーできない研究的なものを LINGO で行えばよいことを解説したい．

　早くから，線形回帰分析が数理計画法で定式化できることは日本オペレーションズ・リサーチ学会で発表してきた．最小二乗法で求める回帰分析は，2次計画法で定式化できる．LAD(Least Absolute Deviation)回帰分析は，誤差の絶対値の和を最小化する回帰手法であり LP モデルになる．統計ソフトでは LAD は最小二乗法より面倒であるが，数理計画法では一番容易であるという逆転が起きている．統計ソフト SAS の創業者の一人で，パソコン統計ソフト JMP の開発者である J. Sall 博士の『SAS による回帰分析入門』[8]は，回帰分析の名著である．絶版なので，同氏から筆者が自由に書き直して出版することの了解を取っている．この中で，L_1 ノルムすなわち LAD 回帰をより汎用化した L_p ノルム回帰分析を重みつき最小二乗法で分析することが解説されている．しかし数理計画法で扱えば簡単である．

　重回帰分析の延長線上で，1970 年代から数理計画法を用いた判別分析の研究も数多く行われてきた．一番研究成果の多いのは，LP を用いた L_p ノルム判別分析モデルである．筆者は，1996 年から整数計画法を用いて，MNM 基準による最適線形判別関数(Optimal Linear Discriminant Function, OLDF)の研究を行ってきた[4]．実は，確率分布をベースにすでに数多くの成果の出ている判別分析であるが，整数計画法によるアプローチで，びっくりするような面白い結果が得られた．

　すなわち，1936 年に Fisher が判別する 2 群が多次元正規分布し分散共分散が等しいという「Fisher の仮説」で，Fisher の線形判別関数(LDF)を導いた．そして，その後豊饒な判別分析という研究分野が創設された．2 群の分散共分散行列が等しくない場合に 2 次判別関数，LDF の式の一部に表れる Mahalanobis の距離を用いた多群判別，ロジスティック曲線を利用したロジステ

ィック回帰などである．

　また，判別やクラスター分析は，パターン認識の基礎的な要素技術であり，さまざまな角度から研究されている．統計的判別分析にない視点が，線形分離可能という概念である．判別される2群の誤分類数が0の場合，2群は線形分離可能(MNM = 0)なデータといっている．筆者の研究で，MNM = 0のデータで統計的判別関数は種々の問題が発生することがわかった[29]．また，数理計画法は数式で表される分野が全て対象であるので，1970年代から計算が容易という理由で主として線形計画法を用いた判別分析の研究が数多く行われてきた．しかし，筆者が研究を始めた年に，Stam[21]がこれらの研究を総括する論文の中で「なぜ統計ユーザーはこれらの研究成果を利用しないのか？」という考察を行っている．実は，これらの研究は既存の判別手法と比較して優れているという検証を行っていない．誰がそのような新手法を喜んで使うだろうか．恐らくこの総括論文で，この分野の研究は終焉したと思われる．その後，Vapnik[22]が数理計画法を用いた判別研究にパターン認識の線形分離可能という概念と，統計分野で要求される「評価データによる検証」を「汎化能力」と言い換えた概念を取り込んだSVM(Support Vector Machine)を提案した．

　実は，筆者が開発した最適線形判別関数は，統計的判別関数やソフトマージン最大化SVMよりも優れていることが膨大な実証研究でわかった．

9.2　重回帰分析と判別分析

(1)　回帰分析の定式化

1)　最小二乗法

　回帰分析は，ある重要な変数を目的変数yと呼び，他の計測しやすい，あるいは測定時点がyより前にある説明変数xの線形結合で近似することを目的にしている．すなわち回帰分析は，yを目的変数として説明変数x_1, $\cdots$, x_pの線形和で予測することである．説明変数が1個の場合を単回帰分析，2個以上の場合を重回帰分析といっている．

$$y = b_0 + b_1 x_1 + b_2 x_2 + \cdots + b_p x_p + \varepsilon$$

このとき，実際の y の値と y の近似値である予測値 $\hat{y}$ の間に誤差 ε が生じる．各々は次の関係になる．

$$\hat{y} = b_0 + b_1 x_1 + b_2 x_2 + \cdots + b_p x_p$$
$$y = \hat{y} + \varepsilon$$
$$\varepsilon = y - \hat{y}$$

そして，誤差の平方和 ($\Sigma \varepsilon_i^2$) を最小にする回帰係数 (b_0, b_1, b_2, $\cdots$, b_p) を求める方法が，回帰分析で一番良く用いられる最小二乗法である．すなわち，数理計画法で記述すればポートフォリオ分析と同じく2次計画法になる．回帰分析の理論的前提は，誤差が平均0の正規分布であることである．これは多くの実証研究で，ほぼ満たされることが確認されている．それに対して判別分析の「Fisherの仮説」がほとんど現実のデータと合わないことと著しい違いである．

$$Min = \Sigma \varepsilon_i^2$$
$$\varepsilon_i = y_i - (b_0 + b_1 x_{1i} b_2 x_{2i} + \cdots + b_p x_{pi}) \qquad i = 1, \cdots, n$$

2) LAV 回帰分析

一方，誤差の絶対値 $|\varepsilon|$ の和 ($\Sigma |\varepsilon_i|$) を最小にする回帰係数 (b_0, b_1, b_2, $\cdots$, b_p) をデータから求めるのが LAV (Least Absolute Value) 回帰分析である．

$$Min = \Sigma |\varepsilon_i|$$

数理計画法では，伝統的に決定変数は非負を仮定する．そこで ε_i を次のように2つの決定変数で定義すればよい．

$$\varepsilon_i = u_i - v_i$$

ε_i が非負の場合は $\varepsilon_i = u_i$，ε_i が負の場合は $\varepsilon_i = -v_i$ と考え，次の LP モデルになる．

$$Min = \Sigma |\varepsilon_i| = \Sigma (u_i + v_i)$$
$$u_i - v_i = y_i - (b_0 + b_1 x_{1i} b_2 x_{2i} + \cdots + b_p x_{pi}) \qquad i = 1, \cdots, n$$

3) L_p ノルム回帰分析

最小二乗法は誤差の2乗を最適化基準にするので L_2 ノルム，LAV 回帰分析は L_1 ノルムといっている．ここまでくれば，誤差の絶対値を p 乗する L_p ノルムも考えられ，非線形計画法になる．

$$Min = \Sigma |\varepsilon_i|^p = \Sigma(u_i^p + v_i^p)$$

（2） 線形判別関数の定式化

1) 判別分析の基礎

一方，目的変数の値が連続な数値でなく，病気や正常といった名義尺度や成績の評価の優良可といった順序尺度の場合がある．目的変数の値が2値の場合を2群判別，3値以上の場合を多群判別という．

2群判別の場合，$f(x) = b_0 + b_1x_1 + b_2x_2 + \cdots + b_px_p > 0$ であれば群 A（クラス1）と考え，$f(x) = b_0 + b_1x_1 + b_2x_2 + \cdots + b_px_p < 0$ であれば群 B（クラス2）と考えることにする．これが線形判別関数の基礎である．また，$f(x) = 0$ は，p 次元のデータ空間を2分割する判別超平面になっていて，p 次元のデータ空間を $f(x) > 0$ と $f(x) < 0$ という2つの半空間に分割する．そして $f(x) = 0$ にデータが来た場合，これまでの判別分析の理論は判定不能なまま放置してきた．この場合，判別分析に一番重要な誤分類数が正しく計測できない[†]．

2) 判別分析の評価としての誤分類数（誤分類確率）

以下では，しばらく判別超平面上にデータが来ないとして話を進める．

このとき，群 A のデータであっても，負になるものが現れる．これは，判別関数によって $f(x) < 0$ となり，群 B に間違われる（誤分類される）データである．群 A のケース数を r として，$f(x) > 0$ になるものが r_1 で，$f(x) < 0$ になるものが r_2 とする（$r = r_1 + r_2$）．

一方，群 B において，$f(x) < 0$ と正しく B 群に判別されるものを s_1 とし，$f(x) > 0$ と誤分類されるものを s_2 とし，$s = s_1 + s_2$ とする．外的基準による分類と，判別関数 $f(x)$ による分類は，次の表 9.1 の 2×2 の分割表にまとめられ

表9.1 2×2の分割表

	A群	B群	
$f(x) > 0$	r_1	s_2	$r_1 + s_2$
$f(x) < 0$	r_2	s_1	$r_2 + s_1$
	r	s	$r + s$

る．

判別関数によって，$(r_1 + s_1)$ が正しく判別され，$\dfrac{r_1 + s_1}{r + s}$ のことを正答率という．一方，$(r_2 + s_2)$ が誤判別される誤分類数で，$\dfrac{r_2 + s_2}{r + s}$ のことを誤分類確率という．最適線形判別関数は，すなおにこの誤分類数を最小化している．

3) 最適線形判別関数のアイデア

さて，図9.1のように $r_2 > 0$，$s_2 > 0$ の場合を考えてみよう．A群のケースは誤分類されたデータに対し判別境界の0の代わりに $f(x) \geq -C_1$ とし，B群

---

† 判別分析の問題点は以下の通りである[4]．
- 判別超平面上のデータをどちらに判別するか判定不能なまま放置してきた．
- Fisher の仮説，特に2群の分散共分散行列が等しいという仮説を満たす現実のデータは少ない．この仮説を仮定すれば，計算能力の乏しい時代，容易に判別関数を定式化できたに過ぎない．
- データが正規分布することを仮定し，統計学は母集団から得られた標本の統計量から母集団を推測できることが推測統計学の重要な点である．しかし，判別分析は，誤分類数や判別係数の推測ができなく，推測統計学と無縁の学問である．
- 誤分類数と判別係数は密接な関係にあることが筆者の研究で初めて解明できた．
- 2群の誤分類数が0のデータを，パターン認識では線形分離可能(MNM = 0)といっている．判別分析の研究者や利用者は，MNM = 0 の判別問題は容易と誤解してきたが，実は判別分析にとって一番難しい問題を抱えていることがわかった．つまり，従来の判別関数は MNM = 0 のデータで一番説明変数の少ないモデル，すなわち MNM = 0 が認識できないことである．また，逐次変数選択法や AIC，C_p 統計量といった変数選択法は，MNM = 0 の最小モデルよりも説明変数の多いモデルを選び，MNM = 0 であることがわからない．

以上の全ての問題が，最適線形判別関数で解決できた．しかも，判別結果は，膨大な実証研究ではるかに優れていることがわかった．

9.2 重回帰分析と判別分析

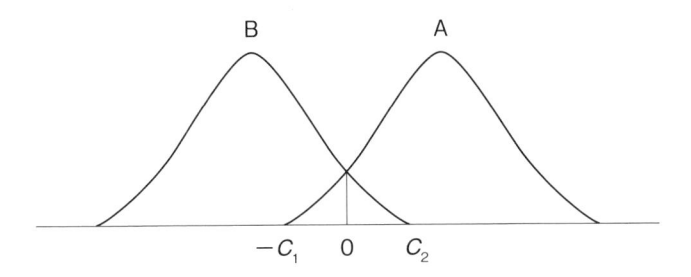

図 9.1 判別分析の模式図

のケースは $f(x) \leq C_2$ とする.

すなわち A 群の場合,正しく判別されるケースの判別境界点は 0 のままとし,誤分類されるケースの判別境界線を 0 に代って $-C_1$ にできれば,次の不等式で統一して考えることができる.

$f(x_i) \geq -C_1 e_i \quad e_i = 0$ 正しく判別される場合
$\qquad\qquad\qquad 1$ 誤分類される場合

B 群の場合は,次のようになる.

$f(x_i) \leq C_2 e_i \quad e_i = 0$ 正しく判別される場合
$\qquad\qquad\qquad 1$ 誤分類される場合

そして,e_i が 1 になる個数を数えあげて最小化すれば MNM が得られる.これが,筆者が新しく考えた標本の誤分類数を最小化する MNM 基準による最適線形判別関数(Integer Programming-Optical Linear Discriminant Function, IP-OLDF)の基本アイデアである.定義式は次のようになる.目的関数は e_i, すなわち誤分類されるケース数の和を最小化することである.IP-OLDF で,これまで利用されてきた統計的判別関数(LDF, 2 次判別関数, ロジスティック回帰)やソフトマージン最大化 SVM より判別成績のよい線形判別関数が得られる.

$Min = \Sigma e_i$
$\qquad y_i f(x_i) \geq -M e_i \quad M = Max\{|C_1|, |C_2|\}$

$y_i = 1$　　　i が A 群に属する場合
$y_i = -1$　　i が B 群に属する場合

しかし，このままでは $y_i f(x_i) = 0$ の判定不能問題は解決できない．そこで次のように右辺定数項に1を挿入した改定 IP-OLDF に修正することで，正しく分類されるデータは $(y_i f(x_i) \geq 1)$ で，誤分類されるデータは $(y_i f(x_i) = 1 - 1000000e_i = -999999)$ という超平面に引きつけ $y_i f(x_i) \leq -1$ とすることで $y_i f(x_i)$ が0になることを避けることができた．

$Min = \Sigma e_i$
$y_i f(x_i) \geq 1 - 1000000 e_i$

9.3　LINGO による重回帰分析

(1)　最小二乗法(REG1 変更.lg4)[†]

次が，2次計画法による重回帰分析の最小二乗法モデルである．図9.2の「学生の成績データ」[9] を用いる．集合 P は定数項を含む6個の説明変数を表し，配列 COEF2(C42:H32) は回帰係数が入る．集合 N は30人の学生を表し，配列 Y は目的変数(成績，B2:B31)と E2_ は誤差(I2:I31)を表す．2次元集合 D は30行6列の説明変数の配列 X(C2:H31)を与え，目的関数の値(ERR2)をセル I32 に出力する．

```
MODEL : !Gakusei ;
SETS:
  P/X1..X6/: COEF2;
  N/1..30/: Y, E2_;
  D(N, P): X;
ENDSETS
DATA:
```

[†] 最小二乗法は目的関数が誤差の平方になっている．評価版では非線形変数は30個に限定されているので，本章では REG1 変更.lg4 で図 902 変更.xls のように30件以下のデータに変更したもので利用してほしい．

9.3 LINGO による重回帰分析

	A	B	C	D	E	F	G	H	I	J	K
1	SN	成績	勉強	支出	飲酒	喫煙	性別	c	E2	E1	E1.5
2	10	100	9	2	9.61276	0	1	1	7.49		
3	21	100	12	4	1	0	0	1	4.86		
4	23	95	7	3	0	0	1	1	10.14		
5	17	90	10	2	0	0	1	1	-6.32		
6	9	90	7	3	0	0	0	1	5.30		
7	19	90	7	3	0	1	0	1	9.66		
8	5	85	6	5	1	0	0	1	9.57		
9	4	85	3	3	1	0	1	1	11.25		
10	21	85	6	3	0	1	1	1	7.24		
11	23	85	8	3	0	0	1	1	-2.61		
12	23	85	5	4	1	0	0	1	9.12		
13	14	80	2	4	2	0	1	1	12.31		
14	10	80	6	3	2	1	0	1	2.63		
15	24	80	10	4	3	0	0	1	-9.41		
16	3	75	5	4	4	1	0	1	3.80		
17	22	75	9	5	1	0	0	1	-8.68		
18	8	75	5	2	1	1	0	1	-2.94		
19	6	75	7	4	1	0	1	1	-6.55		
20	11	75	3	5	1	1	0	1	12.17		
21	15	75	5	3	2	0	1	1	-4.14		
22	13	60	3	2	1	1	0	1	-12.44		
23	9	60	5	2	1	0	1	1	-22.46		
24	20	60	2	5	4	0	0	1	0.26		
25	14	60	3	6	2	0	0	1	-3.87		
26	25	60	1	8	7	1	0	1	12.95		
27	4	55	2	6	3	0	0	1	-6.00		
28	2	55	3	7	5	1	0	1	-0.97		
29	16	50	3	7	3	1	1	1	-6.36		
30	19	40	3	10	6	1	0	1	-6.25		
31	19	40	2	5	4	1	0	1	-19.74		
32		COEF2	2.75	-3.20	-0.11	-4.35	0.16	75.06	2606.181		
33		COEF1									
34		COEF15									

図 9.2 「学生の成績データ」(図 902 変更.xls)

```
    Y,X=@OLE( );
ENDDATA
    [ERR2] MIN=@SUM(N(i): E2_(i)^2);
    @FOR(N(i): E2_(i)=Y(i)-(@SUM(P(j): (COEF2(j)*X(i,j)))));
    @FOR(P(j): @FREE(COEF2(j)));  @FOR(N(i): @FREE(E2_(i)));
```

```
DATA:
    @OLE( )=COEF2,E2_,ERR2;
ENDDATA
END
```

最初のDATA節で，図9.2のExcelから目的変数と説明変数の計測値を入力する．

"[ERR2] MIN = @SUM(N(i) : E2_(i)^2);"で，誤差の2乗を最小化する．目的関数の前につけたラベル [ERR2] でもってExcelのセルERR2に最適化後の値が入る．"@FOR(N(i):E2_(i) = Y(i) - (@SUM(P(j):(COEF2(j) * X(i,j)))));"は，30個の誤差を計算する計算式である．"@FOR(P(j): @FREE(COEF2(j)));" と "@FOR(N(i):@FREE(E2_(i)));" は，重回帰係数と誤差が非負でなく自由変数であることを指定する．特に誤差が自由変数であることは忘れがちである．

そして，2番目のDATA節で回帰係数COEF2をC32：H32に，目的関数の値である誤差平方和(ERR2)をI32に，誤差(E2_)をI2：I31に出力する．

(2) 重回帰，LAV回帰，L1.5回帰を行う回帰モデル (REG2 変更.lg4)

次は重回帰，LAV回帰，L1.5回帰を連続的に行うLINGOモデルである．重回帰分析をCALC節で！でコメントにすると，LAV回帰とL1.5回帰はLPモデルになるので，150件のデータを分析できる．しかし，図9.2との関係で30件のデータで説明する．

```
MODEL: !Gakusei;
SETS:
    P/X1..X6/: COEF2,COEF1,COEF15;
    N/1..30/: E2_,E1_,E1_5,Y,U,V;D(N,p): X;
ENDSETS
DATA:
    X,Y=@OLE( );
```

```
ENDDATA
SUBMODEL REG:
  [ERR2] MIN=@SUM(N(i): E2_(i)^2);
  @FOR(N(i): E2_(i)=Y(i)-(@SUM(P(j): (COEF2(j)*X(i,j)))));
  @FOR(P(j): @FREE(COEF2(j))); @FOR(N(i): @FREE(E2_(i)));
ENDSUBMODEL
SUBMODEL LAV:
  [ERR1] MIN=@SUM(N(i): E1_(i));
  @FOR(N(i): U(i)-V(i)=Y(i)-(@SUM(P(j): (COEF1(j)*X(i,j)))));
  @FOR(P(j): @FREE(COEF1(j))); @FOR(N(i): E1_(i)=U(i)+V(i));
ENDSUBMODEL
SUBMODEL L15:
  [ERR15] MIN=@SUM(N(i):E1_5(i)^1.5);
  @FOR(N(i): U(i)-V(i)=Y(i)-(@SUM(P(j): (COEF15(j)*X(i,j)))));
  @FOR(P(j): @FREE(COEF15(j))); @FOR(N(i): E1_5(i)=U(i)+V(i));
ENDSUBMODEL
CALC:
  !@SOLVE(REG); !@OLE( )=COEF2,ERR2,E2_;
  @SOLVE(LAV); @OLE( )=COEF1,ERR1,E1_;
  @SOLVE(L15); @OLE( )=COEF15,ERR15,E1_5;
ENDCALC
END
```

図9.3は，出力結果である．E1列にLAV回帰，E1.5列にL1.5回帰の誤差と目的関数が，33行，34行にそれぞれの回帰係数を出力している．

9.4 判別分析(LDF，2次判別関数，ロジスティック回帰)

(1) 歴 史

1936年に推測統計学の泰斗Fisherは，判別される2群が多次元正規分布し分散共分散行列が等しいという「Fisherの仮説」を前提にFisherの線形判別

144 第9章 回帰分析と判別分析

	A	B	C	D	E	F	G	H	I	J	K
1	SN	成績	勉強	支出	飲酒	喫煙	性別	c	E2	E1	E1.5
2	10	100	9	2	9.61276	0	1	1		0.00	4.78
3	21	100	12	4	1	0	0	1		2.11	4.86
4	23	95	7	3	0	0	1	1		13.29	10.64
5	17	90	10	2	0	0	1	1		6.10	6.62
6	9	90	7	3	0	0	0	1		4.79	4.56
7	19	90	7	3	0	1	0	1		7.51	8.38
8	5	85	6	5	1	0	0	1		11.36	10.31
9	4	85	3	3	1	0	1	1		15.70	11.42
10	21	85	6	3	0	1	1	1		9.30	7.19
11	23	85	8	3	0	0	1	1		0.00	2.08
12	23	85	5	4	1	0	0	1		10.13	8.96
13	14	80	2	4	2	0	1	1		17.76	13.09
14	10	80	6	3	2	1	0	1		0.70	0.83
15	24	80	10	4	3	0	0	1		12.81	9.96
16	3	75	5	4	4	1	0	1		0.61	2.36
17	22	75	9	5	1	0	0	1		8.50	7.88
18	8	75	5	2	1	1	0	1		6.18	5.38
19	6	75	7	4	1	0	1	1		2.94	5.42
20	11	75	3	5	1	1	0	1		13.96	12.31
21	15	75	5	3	2	0	1	1		1.63	4.17
22	13	60	3	2	1	1	0	1		14.60	14.92
23	9	60	5	2	1	0	1	1		20.40	23.11
24	20	60	2	5	4	0	0	1		0.00	0.38
25	14	60	3	6	2	0	0	1		0.00	2.57
26	25	60	1	8	7	0	0	1		14.60	14.16
27	4	55	2	6	3	0	0	1		2.46	4.98
28	2	55	3	7	5	1	0	1		0.00	0.10
29	16	50	3	7	3	1	1	1		0.00	3.74
30	19	40	3	10	6	0	0	1		2.19	3.01
31	19	40	2	5	4	1	0	1		20.00	20.38
32		COEF2								219.62	751.74
33		COEF1	3.3	-4.5	0.7	-2.7	-3.5	75.7			
34		COEF15	2.7	-4.1	0.1	-3.8	-1.1	78.6			

図 9.3 最小二乗法，LAV 回帰，L1.5 回帰の出力（図 903 変更.xls）

関数(Linear Discriminant Function，LDF)を提案した．これによって回帰分析と並んで統計学で重要な判別分析という学問が誕生した．しかし当初から，この仮説を疑問視する声はあり，「正規性からの乖離」と呼ばれてきた．分析したい現実のデータが Fisher の仮説から乖離していて問題があるようなニュアンスであるが，Fisher の仮説が現実のデータから乖離しているわけである．

9.4 判別分析(LDF, 2次判別関数, ロジスティック回帰)

しかし,推測統計学の神様が創設し,確率分布で壮麗な統計学の体系を築くことに成功していたため,判別分析の世界は"お釈迦様の手"ではなく,「Fisherの仮説」で成長発展してきた.

計算機能力の乏しい時代に,Fisher は仮説をおくことで簡単に計算できる LDF をとりあえず提案してくれたことに感謝すべきである.計算能力の豊かな時代にあっては,われわれはそれを発展させるべきである.Fisher は何も全てを確率分布で律しようとしたわけではないと考えられる.それは,分割表の独立性の検定で,χ^2 分布による検定ではなく,「Fisher の直接確率」を提案し,与えられた標本から p 値を直接計算することを提案している[25].確率分布至上主義による研究も十分成果を上げてやるべき新天地も少なくなったので,今後は計算能力を利用して現実データを直視した統計学が必要であろう.

Fisher の研究によって,その後に2次判別関数,P. C. Mahalanobis(マハラノビス)の距離による多群判別,林の数量化II類,ロジスティック回帰という豊饒な統計的判別分析の世界が展開された.

一方,工学的には,判別分析は文字認識,音声認識などの様々な分野でパターン認識の重要な技術として研究されてきた.また数理計画法でも 1970 年代以降研究され,1990 年代以降はパターン認識の影響を受けた SVM の研究に引き継がれている[22].

(2) LDFと2次判別関数

ここでは LDF, 2次判別関数,マハラノビスの距離による最近隣法による多群判別,ロジスティック回帰を解説する.

1) LDFの定式化

LDF は,p 個の説明変数をもつ2群が,次式で表される p 変量正規分布と仮定し導出できる.

$$f_i(x) = \{1/SQRT\{(2\pi)^p \times ||\Sigma_i||\}\} \times e^{[-(x-m)'\Sigma_i^{-1}(x-m)/2]}$$

x :説明変数の p 次元行ベクトル(p:説明変数の個数)

m_i：i群のxの平均行ベクトル($i = 1, 2$)

Σ_i：i群の分散共分散行列

2群の分散共分散行列が同じ($\Sigma_1 = \Sigma_2 = \Sigma$)として，次の尤度比$f_1(x)/f_2(x)$の対数をとった関数$f(x)$を考える．

$$f(x) = \log\,[f_1(x)/f_2(x)]$$
$$= \log\,[e^{\{(m_1-m_2)'\Sigma^{-1}|x-(m_1+m_2)/2|\}}]$$
$$= (m_1 - m_2)'\,\Sigma^{-1}\{x - (m_1 + m_2)/2\}$$
$$= \{x - (m_1 + m_2)/2\}'\,\Sigma^{-1}(m_1 - m_2)$$

これによって$f(x)$は，$f(x) = x'\beta + \beta_0$というxの線形関数になる．これがフィッシャーのLDFである．

一方，2群のケース数を$n(= n_1 + n_2)$として，データを1群(クラス1)と2群(クラス2)の順に並べ替えて，新しい目的変数yの値として1群に$1/n_1$(あるいは1)，2群に$-1/n_2$(あるいは0)を目的変数の値と考える．このとき，回帰分析によって得られる回帰係数b_Rは，次のようにLDFの判別係数b_Lと比例関係にある．

$$b_R = (X'X)^{-1}X'y = (X'X)^{-1}(m_1 - m_2) \propto b_L = \Sigma^{-1}(m_1 - m_2)$$

すなわち，判別分析は回帰分析の特殊応用例に還元される．これを利用すると，重回帰分析をしっかり理解しておけばLDFを別途勉強する負担が減り，回帰分析で開発された各手法や統計量を回帰分析ソフトで利用できる．

2) 2次判別関数

2群の分散共分散行列が等しくない場合(すなわち「Fisherの仮説」を認めない)は，$f(x)$は次のようなxの2次形式になり，2次判別関数と呼ばれる．

$$f(x) = \log\,[f_1(x)/f_2(x)] = x'(\Sigma_2^{-1} - \Sigma_1^{-1})x/2 + (m_1'\Sigma_1^{-1} - m_2'\Sigma_2^{-1})x$$
$$+ (m_2'\Sigma_2^{-1}m_2 - m_1'\Sigma_1^{-1}m_1)/2 + c$$
$$c : \log\,[\,|\Sigma_2|/|\Sigma_1|\,]$$

線形判別関数に比べて，2次の係数が$p(p-1)/2$個だけ増える．このため，内部標本(教師データ)での見かけ上の誤分類確率は一般的に良くなるが，外部

9.4 判別分析(LDF, 2次判別関数, ロジスティック回帰)

標本(評価する)では悪くなる(Overestimate, 過大評価)と考えられる.また2群の分散共分散行列が等しい($|\Sigma_1|=|\Sigma_2|$)という帰無仮説に対し, χ^2検定で棄却されれば2次判別関数を採用し,棄却されなければLDFを選ぶことが薦められてきた.しかし筆者の実証研究では, χ^2検定で棄却されても2次判別関数よりLDFが良い場合が多々あることがわかった.

3) マハラノビスの距離による最近隣判別

正規分布の式の一部に表れた$D = SQRT((x - m_i)' \Sigma_i^{-1}(x-m_i))$をマハラノビスの距離という.ある計測値$x$を代入し, m_iからの距離の小さい方に判別する最近隣法による判別で多群判別できる.しかし,現実には多群判別はあまり行われていないようだ.

田口玄一[34]は正常状態の分散共分散行列Σを用いて,ある距離以上のものを異常と判断するMT(マハラノビス・田口)法を提案している.すなわち,統計的な判別分析を否定しているわけだ.

(3) ロジスティック回帰

現実のデータはフィッシャーの仮説を満たさないものが多いので,最近では多くの分野で正規分布を仮定しないロジスティック回帰がよく用いられているようだ.

図9.4は,「学生データ」の合格(便宜的に70点以上の20名)と不合格(65点以下の10名)の2群を飲酒日数でロジスティック回帰した図である.商品の普及などに用いられるロジスティック曲線を不合格率(飲酒日数が大きくなるにつれ不合格者が増えるので,合格率よりわかりやすいと考え,こちらで説明する)にあてはめたものである.そして,ある値のときに不合格である確率Pを次のロジスティック曲線で推測する. p_iはy_i(不合格)である確率を意味する.

$$p_i = P_r(y_i = 1 \mid x) = \frac{1}{1+e^{-(\alpha+\beta_1 x_{1,i}+\cdots+\beta_k x_{k,i})}}$$

元々は,賭けごとで使われるオッズ比の対数$log(p_i/(1-p_i))$をとったもの

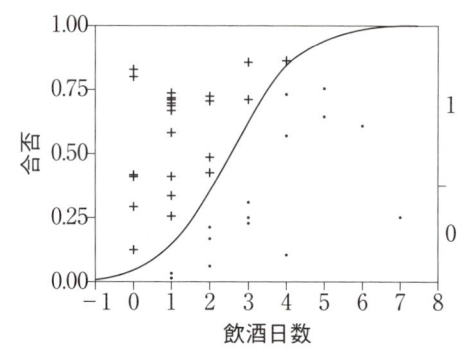

▼合否を飲酒日数によってロジスティックであてはめ

図9.4 合否を飲酒日数でロジスティック回帰（文献[4]より引用）

を，$\alpha + \beta_1 x_{1,i} + \cdots + \beta_p x_{p,i}$ で回帰することから定式化された．

9.5 SVM

（1）ハードマージン最大化SVM

SVMは，パターン認識で古くから考えられてきた「マージン概念」を取り入れている．2群が線形分離可能であれば，図9.5のように判別超平面の両側にサポート・ベクター(SV)と呼ばれる超平面を設けて，データ空間をクラス1だけが含まれる空間，クラス1も2もまったく含まない空間，クラス2だけが含まれる空間の3つに分割できる．ここで，クラス1と2のSVは，必ず各SV上に少なくとも1個以上のケースが含まれている．

SVMは，この2つのSVの距離を最大化するものを選ぶ．これをマージン最大化SVMという．このマージンの距離は，図9.5に書き込んだように，判別係数を $w = (a_1, a_2, \cdots, a_p)$ とすれば，$2/\|w\| = 2/SQRT(a_1^2 + a_2^2 + \cdots + a_p^2)$ になる．最初，どうしてこうなるのかわからずあせったが，しばらくして高校数学で習った「判別超平面上にある点 $(x_1, x_2, \cdots, x_p)$ からSV $(y = a_0 +$

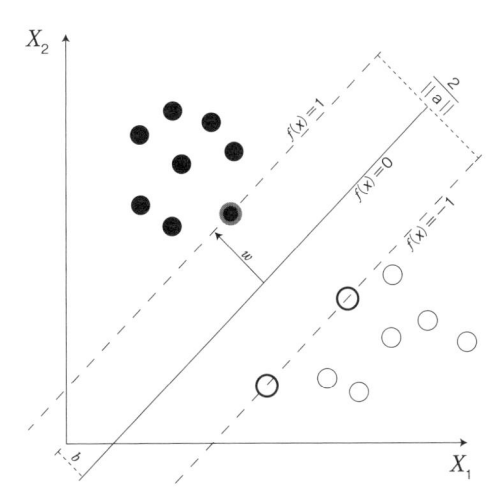

図9.5 マージン最大化(Wikipediaより引用したものを修正)

$a_1x_1 + a_2x_2 + \cdots + a_px_p$)の張る(超)平面に降ろした場合の次の距離の公式」を適用すればよいことに気づいた．

$$| a_0 + a_1x_1 + a_2x_2 + \cdots + a_px_p |/SQRT(a_1^2 + a_2^2 + \cdots + a_p^2)$$

そして，SV が判別超平面からの距離が1になるように制限する．これによって分子が1になる．結局マージン最大化 SVM は次のように定式化できる．

$$MAX = 2/ SQRT(a_1^2 + a_2^2 + \cdots + a_p^2)$$
$$y_i \times f(x_i) \geqq 1 \quad i = 1, \cdots, n$$

しかし，このままでは非線形最適化になるので，次のように最小化問題で扱えば，非線形計画法より扱いやすい2次計画法になり，計算も容易になる．

$$MIN = (a_1^2 + a_2^2 + \cdots + a_p^2)/2$$
$$y_i \times f(x_i) \geqq 1 \quad i = 1, \cdots, n$$

(2) ソフトマージン最大化 SVM

多くの現実の問題では線形分離可能な場合はまれである．この場合，いく

つかのケースが SV の反対側に来ることを許す．すなわち，1 以上という拘束を少し緩めて $(1-e_i)$ にする．これによって SV で正しく判別されるケースのマージンを最大化し，判別されないケースの誤差の和 (Σe_i) を最小化すればよい．このように最適化したい基準が 2 つ以上あるものを多目的最適化という．一番単純な対応は，これらの多目的な基準の加重和を求め，見かけ上単一目的化することである．これをソフトマージン最大化 SVM という．そこで，誤差の和に重み c をかける．これは一種のペナルティであり，SVM では「ペナルティ C」と呼んでいる．本当は，ポートフォリオ分析で解説した，利益を制約式に取り込み，リスクを目的関数にする方が理にかなっている．この点を指摘しても，SVM の研究者からは無視かブーイングされる．

$$MIN = (a_1^2 + a_2^2 + \cdots + a_p^2)/2 + c \times \Sigma e_i$$
$$y_i \times f(x_i) \geq 1 - e_i \quad i = 1, \cdots, n$$

(3) カーネル SVM

このあと，SVM はさらに進化し，p 次元のデータ空間にあるケースを無限次元の空間に変換し，できるだけ線形分離可能にするよう努力して判別関数を求めて元の空間に戻せば，誤分類数を少なくできる．これが Kernel トリックと呼ばれ，多くの優秀な研究者をとりこにするようだ．しかし，筆者は単にデータにカーブフィッティングしているだけでないかと疑っているため，筆者自身の頭と行動はソフトマージン最大化 SVM で停滞したままである．

すなわち，n 個のデータ (x_i, y_i) は，$(n+1)$ 次の多項式 $(y = a_0 + a_1 x + \cdots + a_{n+1} x^{n+1})$ で完全に当てはめることができる．

9.6 最適線形判別関数

(1) IP-OLDF モデル

すでに述べたとおり，1997 年に整数計画法を用いた式 (9.1) の判別関数 (IP-OLDF) を開発した．誤分類されるケースに対して，0/1 の整数変数の e_i を 1

にすることで判別境界を0から-1000000に制約条件を緩める($y_i(x_i' b+1)$ = -1000000). 正しく判別されるケースと判別超平面上のケースは, e_iを0にして制約式の右辺定数項を0に固定する($y_i(x_i' b+1) = 0$). そして, 目的関数で誤分類数(Σe_i)を最小化することで, 最適凸多様体[†]の頂点が得られる. しかし, まれにデータが一般位置にない場合, $y_i \times f(x) = 0$上に$(p + 1)$個以上のデータがきて, 間違った凸多様体の頂点を求めることがわかった.

$$MIN = \Sigma e_i$$
$$y_i \times (x_i' b+1) \geq -c \times e_i \tag{9.1}$$
$x_i = (x_{i1}, x_{i2}, \cdots, x_{ip})$, $y_i = 1$ for $x_i \in$ class 1, $y_i = -1$ for $x_i \in$ class 2
b : p次元判別係数ベクトル, e_i : 各x_iに対応した0/1決定変数,
c : 1000000の定数

一方LP-OLDFは, 数多くの研究成果のあるL_1ノルム判別モデルの一種である. 式(9.1)のe_iを0/1の整数変数から非負の実数値をとる決定変数に変えただけである. LP-OLDFは, 誤分類されるケースの判別超平面からの距離の和を最小化する. 統計学の立場から批判すれば, L_1ノルム基準が何に役立つのか, あるいは汎化性がよいか否かの検討がこれらの研究に乏しいことである. これは, 他の数理計画法による判別関数に共通した欠点である.

(2) 改定IP-OLDFと改定LP-OLDF

改定IP-OLDFは, パターン認識で古くから考えられているマージン概念を取り入れて式(9.2)のように定式化する. マージンの反対側にくる全てのケースは-1000000の超平面に引き寄せられるので, 2つのサポート・ベクターの間に含まれず, 従って判別超平面上にケースは含まれない. すなわち, 最適凸多様体の内点が得られる. この判別関数を用いて, ソフトマージン最大化

[†] 同じケースを誤分類する線形判別係数は, 判別係数の空間で凸体になることがわかった. そして, 一意に誤分類数が対応する. この最小の誤分類数をもつ凸体を最適凸多様体といい, この内点を判別関数とすればp.138の脚注の全ての問題が解決できる.

SVMとの比較や，評価データによる検討が可能になった．

$$MIN = \Sigma e_i$$
$$y_i \times (x_i' b + b_0) \geq 1 - c \times e_i \tag{9.2}$$

改定LP-OLDFは，式(9.2)のe_iを0/1の整数変数から非負の決定変数に変えればよい．

9.7 学生の成績データでの検証

（1） SVMのLINGOモデル(SVM.lg4)

図9.6は，SVMのExcelシートである．L2：Q31は30件の分析データISで，不合格群はセル範囲C21：H31のデータの値をマイナスに変更してある．R2：W6は1変数から5変数の分析モデルを指定するCHOICE，X2：X6は誤分類数MNM，Y2：Y6は判別超平面上のケース数の個数を表す．X2：X5に表示された値は，ペナルティCをC = 10^6とした分析の誤分類数である．表9.2の「6」という表示の列に転記してある．読者はCの値を10^6から10^{-6}の間で変更して分析を試みてほしい．

ソフトマージン最大化SVMは，次のLINGOモデルで計算する．集合PとNは重回帰分析と同じである．MSは5個の説明変数を示し，逐次変数選択法で選ばれた1変数から5変数のモデルの誤分類数（MNMとするが単に誤分類数）と判別境界上にくるケース数（|判別スコア|$\leq 10^{-6}$を満たせば0と判定）を配列ZEROに入れる．ISは30行6列の説明変数のデータである．群Bの値はマイナスに反転してある．CHOICEは1変数から5変数のモデルに選ばれる場合を1に選ばれない場合を0で表して，5個のモデルを連続して解いている．VARはこの5個のモデルの判別係数である．DATA節の「C = 1000000；」は，SVMの目的関数の第2項にかけられる「ペナルティC」の値であり，これを10^6から10^{-6}まで13段階に変えて検証する．これを連続して"@FOR"で繰り返し計算できるが，モデルが複雑になるので計算を13回行うことにした．

9.7 学生の成績データでの検証　153

SN	勉強	支出	飲酒	喫煙	性別	C	勉強	支出	飲酒	喫煙	性別	定数項	MNM	ZERO
10	9	2	0	0	1	1	0	0	1	0	0	1	5	0
21	12	4	1	0	0	1	1	0	1	0	0	1	3	0
23	7	3	0	0	1	1	1	1	1	0	0	1	3	0
17	10	2	0	0	1	1	1	1	1	0	1	1	3	1
9	7	3	0	0	0	1	1	1	1	1	1	1	3	0
19	7	3	0	1	0	1								
5	6	5	1	0	0	1								
4	3	3	1	0	1	1								
21	6	3	0	1	1	1								
23	8	3	0	0	1	1								
23	5	4	1	0	0	1								
14	2	4	2	0	1	1								
10	6	3	2	1	0	1								
24	10	4	3	0	0	1								
3	5	4	4	1	0	1								
22	9	5	1	0	0	1								
8	5	2	1	1	0	1								
6	7	4	1	0	1	1								
11	3	5	1	1	0	1								
15	5	3	2	0	1	1								
13	-3	-2	-1	-1	0	-1								
9	-5	-2	-1	0	-1	-1								
20	-2	-5	-4	-1	0	-1								
14	-3	-6	-2	0	0	-1								
25	-1	-8	-7	-1	0	-1								
4	-2	-6	-3	0	0	-1								
2	-3	-7	-5	-1	0	-1								
16	-3	-7	-3	-1	-1	-1								
19	-3	-10	-6	-1	0	-1								
19	-2	-5	-4	-1	0	-1								

図 9.6　SVM の Excel シート（図 906 変更.xls）

```
MODEL: !Gakusei;
SETS:
  P/X1..X6/:; N/1..30/:E; MS/1..5/: MNM, ZERO;
  NMS(N,MS): SCORE; D(N,P): IS;
  MB(MS,P): CHOICE, VAR;
```

```
ENDSETS
DATA:
    IS,CHOICE=@OLE( );  C=1000000;  PN=6;
ENDDATA
SUBMODEL SVM:
    [OBJ] MIN=SVM1+c*SVM2;
    SVM1=@SUM(P(j)| j #LT# pn: VAR(k,j)^2)/2;
    SVM2=@SUM(N(i): E(i));
    @FOR(N(i): (@SUM(P(j):IS(i,j)*VAR(k,j)*CHOICE(k,j)))>1-E(i));
    @FOR(P(j): @FREE(VAR(k,j)));
ENDSUBMODEL
CALC:
    @SET('DEFAULT');   @SET('ABSINT',1.E-7);
    @SET('TERSEO',2);
    K=1; Lend=@SIZE(MS);
    @WHILE(K #LE# Lend: @SOLVE(SVM);
    @FOR(N(I): SCORE(I,K)=@SUM(P(j): IS(i,j)*VAR(K,j)*CHOICE(k,j)));
    @FOR(N(i): MNM(k)=MNM(k)+@IF(SCORE(i,k) #LT# 0,1,0));
    @FOR(N(i): ZERO(k)=ZERO(k)+@IF(SCORE(i,k) #EQ# 0,1,0));
    K=K+1);
    !@OLE( )=VAR; !@OLE( )=SCORE;
    @OLE( )=MNM; @OLE( )=ZERO;
ENDCALC
END
```

SUBMODEL 節で SVM を定義する."[OBJ] MIN = SVM1+c * SVM2;"は,目的関数をマージン最大化の SVM1 の2次式と,SV の反対側にくるケースの SV からの距離の和を最小化する SVM2 の C による重みつき和として定義する."@FOR(N(i):(@SUM(P(j):IS(i,j) * VAR(k,j) * CHOICE(k,j))) > 1 − E(i));"は制約式を,"@FOR(P(j):@FREE(VAR(k,j)));"は判別係数を自由変数にする

9.7 学生の成績データでの検証　155

CALC 節の "@WHILE" で 5 個の判別モデルを CHOICE の情報に従い繰り返し計算する．"@FOR(N(I):SCORE(I, K) = @SUM(P(j):IS(i, j) * VAR(k, j) * CHOICE(k, j)));" は，判別係数から判別スコアを計算する．"@FOR(N(i):MNM(k) = MNM(k) + @IF(SCORE(i, k) #LT# 0,1,0));" で誤分類数を計算し，"@FOR(N(i):ZERO(k) = ZERO(k) + @IF(SCORE(i, k) #EQ# 0, 1, 0));" で判別超平面上にくるケース数をカウントする．

(2) 最適線形判別関数の LINGO モデル (OLDF 変更.lg4)[†]

以下が，最適線形判別関数の LINGO モデルである．SUBMODEL 節で最適線形判別関数を定義する．"MIN = MNM(k); MNM(k) = @SUM(NU):E(i));" で，誤分類数を最小化する．"@FOR(N(i):(@SUM(P(j):IS(i, j) * VAR(k, j) * CHOICE(k, j))) > 1 - 1000000 * E(i));" は制約式である．"@FOR(N(I):@BIN(E(I)));" で e_i を 0/1 の整数変数として，誤分類されるケースの場合は 1，正しく判別される場合を 0 に設定する．そして，目的関数でこの和を最小化することで MNM を求める．

CALC 節では，1 変数から 5 変数のモデルを連続処理する．

```
MODEL:
SETS:
  P/X1..X6/:; N/1..30/: E; MS/1..5/: MNM; NMS(N,MS): SCORE;
  D(N,P): IS;
  MB(MS,P): CHOICE,VAR;
ENDSETS
DATA:
  IS,CHOICE=@OLE( );
ENDDATA
```

[†] 評価版では整数変数は 30 個までに制限されており，30 件以下のデータで分析してほしい．ただし，整数変数の指定をコメント化すれば改定 LP-OLDF として LP で分析できる．この場合，誤分類数を数えるために文献 [4] の p.199 の説明にある修正が必要になる．

```
SUBMODEL IPOLDF:
  MIN=MNM(k); MNM(k)=@SUM(N(i): E(i));
  @FOR(N(i): (@SUM(P(j): IS(i,j)*VAR(k,j)*CHOICE(k,j)))>1-1000000*E(i));
  @FOR(P(j): @FREE(VAR(k,j))); @FOR(N(I): @BIN(E(I)));
ENDSUBMODEL
CALC:
  @SET('DEFAULT'); @SET('ABSINT',1.E-7); @SET('TERSEO',2);
   K=1; Lend=@SIZE(MS);
  @WHILE(K #LE# Lend: @SOLVE(IPOLDF);
    @FOR(N(I): SCORE(I,K)=@SUM(P(j): IS(i,j)*VAR(k,j)*CHOICE(k,j)));
    K=K+1);
  !@OLE( )=VAR; !@OLE( )=SCORE; @OLE( )=MNM;
ENDCALC
END
```

最適線形判別関数を実行すると，SVM の Excel シートと同じ形式のものに，誤分類数に代わって真の MNM の値が 5, 3, 2, 2, 1 と表示される．

注) ZERO 列は SVM の出力である．

(3) 学生データの分析結果

表9.2は，分析結果である．まず JMP で全てのモデル($2^5-1 = 31$ 個)を計算し，説明変数の個数が同じモデルの中で決定係数が一番良いもののみを表示した．逐次変数選択法(表からはわからない)は3変数モデル，AIC(Cp) と C_p 統計量(Cp)は2変数モデルを選んだ．

LDF は Fisher の線形判別関数，QD は2次判別関数，Logi はロジスティック回帰の誤分類数である．MNM は最適線形判別関数の最小誤分類数である．6から-6は SVM のペナルティ C の 10^q のべき乗部分 q の値である．「4:1」は，10^4 から 10 までの結果が同じことを示す．誤分類数の右横の括弧の中の数字は判別超平面上にくるケース数である．2次判別関数とロジスティック回帰以外は線形判別関数であり，理論的に MNM の値が誤分類数の下限になる．

すでに大規模な100重交差検証法で，評価データでもLDFやロジスティック回帰の平均誤分類確率よりも最適線形判別関数の方が良いことが実証研究で示されている．すなわち，全ての線形判別関数は最適線形判別関数だけで十分である．さらに，2次判別関数やロジスティック回帰よりも判別結果がよいという驚く結果が得られた．

9.8 CPDデータでの検証

表9.3はCPDデータ[30]の分析結果である．19個の説明変数から，医師が妊婦の自然分娩群と帝王切開群のいずれの方式を選ぶかの判定に重要と考えた6変数を用いる．6変数のモデルで比較すると，最適線形判別関数が一番良く（誤分類数が11個），Cが0.01以上のSVM(誤分類数が16個)，ロジスティック回帰(誤分類数が19個)，LDF(誤分類数が27個)，2次判別関数(誤分類数が40個)の順に誤分類数が増えている．

9.9 まとめ

本章では，従来の統計の専門書でも取り上げていないLAV回帰分析とL1.5回帰分析，さらにSVMと最適線形判別分析を実際のデータで分析することを試みた．統計の専門書と異なり，これらの手法が意外と似た構造にあり，目的関数の違いに注意すればよいことがわかる．

判別分析は，医療診断，企業業績や株や不動産の評価(ランキング)，郵便番号読み取りなどのパターン認識，最近ではゲノムデータの判別にも用いられ，極めて応用範囲が広く重要である．それが80年間判別結果の悪い手法を使ってきたことに驚愕の念を抱く．

重回帰分析は配置行列等の行列演算で回帰係数が求まるが，データから数理計画法で直接誤差を計算し，その平方和を最小化したものと一致する．さらに，理論的な前提は，この誤差の分布が平均0の正規分布になっていることを

表 9.2 学生データの分析結果

モデル	数	AIC	Cp	LDF	QD	Logi	MNM	6	5	4:1	0	-1	-2	-3:-6
飲酒日数	1	95.90	3.77	9	9	9	5	5	5	5	5	4(3)	9	10
勉強時間,飲酒日数	2	95.28	2.80	9	11	8	3	3	3	3	3	3	4	10
勉強時間,支出,飲酒日数	3	96.21	3.29	7	9	4	2	3	3	3	3	3	3	10
性別,勉強時間,支出,飲酒日数	4	98.00	4.42	6	7	4	2	3(1)	4	3(1)	4	3	3	10
性別,勉強時間,支出,喫煙の有無,飲酒日数	5	100.46	6.00	6	6	5	1	3	3	3	3	4	3	10

表 9.3 CPDデータの分析結果

モデル	数	R2乗	AIC	Cp	LDF	QD	Logi	MNM	6:-1	-2	-3	-4	-5	-6
X12	1	0.518	442.768	18.646	26	26	26	20	20(1)	20(1)	20(1)	21	22	25
X9,X12	2	0.553	427.150	2.556	32	24	15	13	17	16	17	21	22	25
X9,X12,X13	3	0.555	428.160	3.497	26	23	15	12	17	16	17	23	23	22
X9,X12,X13,X14	4	0.559	427.804	3.096	27	41	20	12	16	16	17	22	22	23
X7,X9,X12,X13,X14	5	0.559	429.829	5.001	27	41	19	11	16	16	17	22	22	23
X7,X8,X9,X12,X13,X14	6	0.559	431.968	7.000	27	40	19	11	16	16	17	22	22	23

仮定する．この仮定は，数多くのこれまでの経験で問題が発見できなかった．さらに回帰係数は，標準誤差が求まり推測統計学の恩恵にあずかることができる．

一方，判別分析は現実のデータがどうであれ，Fisherの仮説を考えることで，それ以降の理論展開を容易にした．しかし正規分布を仮定するにもかかわらず，誤分類数や判別係数は推測統計学と無縁の学問である．

本来であれば，MNM基準による判別関数の提案もあっても良かったが，確率分布を出発点とする研究方法が体系化されていたので，誰もアプローチしなかったのであろう．

コラム3

最適線形判別関数

本章は，筆者の12年間の研究成果である『最適線形判別関数』(日科技連出版社，2010)の一部を載せていて，通常の教科書として不適切かもしれない．しかし，回帰分析と判別分析を統計書で理解しようと思えば，相当の勉強時間が必要であるが，数理計画法モデルで理解することにすれば，そんなに時間がかからない．また，誤分類数最小化基準による最適線形判別関数を，135個の異なった判別問題で，100重交差検証法を行い，教師データで求めた判別関数を評価データで検証している．すなわち，135×100=13500個の判別分析の検証を教師データと評価データで行っている．

概略は次の通りである．実際の判別分析用の4種類の実データから，一様乱数を用いて，標本数と変数が同じ100組の標本を作成する．そしてその1個を教師データとして判別関数を作成し，残りのデータで評価を行う．教師データと評価データは100組のペアになるので，100重交差検証法という．

次の表はその総括表である(同書の表5.25を引用)．LDFはFisherの線形判別関数で100個の標本の誤分類数を求めそれを標本数×100で割った平均誤分類確率を表す．Logiは同様にロジスティック回帰の平均誤分類確率である．最適線形判別関数は計算時間がかかるので，IPLPはその近似解を求める判別手法の平均誤分類確率である．データはFisherのアイリスデータと呼ぶ判別分析の世界で有名なデータで説明変数が4個あるので全部で15個(=2^4-1)の判別モデルで評価した．銀行データはドイツの統計学者が判別の教科書に用いた有名なデータで，スイス銀行1000フラン紙幣の真札と偽札各100枚の6個の計測値からなるデータである．学生データは，筆者がSAS，SPSS，JMPの教科書に用いている40人の学生の合否判定を5個の説明変数で行うデータである．CPDデータは240人の妊婦を自然分娩で行うか帝王切開にするかを19個の計測値で行う判別データである．

表の見方は，(LDF-IPLP)は2つの平均誤分類確率の差の最大値と最小値を表す．最小値が全て正であるから，LDFは135個の全てで悪かったことを示す．得られた判別関数を評価データに適用し，平均誤分類確率を比較すると僅か6個の判別問題でLDFが良いだけである．一方，近年金融などで用いられているロジスティック回帰は，教師データで4組，評価データで10組が良いだけである．

9.9 まとめ

この中には最終的に判別モデルとして選ばれるものは入っていない．

筆者は，2009 年から国内と海外の学会で「Fisher の判別分析を越えて」というタイトルで研究成果を発表している．単に理論の話であれば，統計の巨人を否定することは常軌を逸しているが，世界中で誰も行っていない大規模な実証研究の成果の裏づけがあるので，一点の迷いもない．100 重交差検証法の研究成果を論文にまとめて投稿し，初回査読結果が返ってきて間もなく解説書[4]が出版されたので，論文を取り下げざるを得なかった．

表　既存の判別分析の平均誤分類確率と改定 IPLP-OLDF との差の検討

	LDF-IPLP				Logi-IPLP			
	教師		評価		教師		評価	
	最小値	最大値	最小値	最大値	最小値	最大値	最小値	最大値
アイリス(15)	0.55	5.23	−0.60(2)	2.36	0.59	5.31	−0.84(2)	1.85
銀行(63 個)	0.00	3.63	−0.01(1)	4.35	−0.28(1)	3.47	−0.04(1)	4.43
学生(31)	1.46	8.61	−1.29(3)	7.11	−2.12(3)	6.48	−2.89(7)	5.59
CPD 式(26)	3.05	7.28	2.21	6.15	0.13	3.43	0.29	1.74

第10章 種々のモデル

本章では，数理計画法で解決できる種々の問題の一部を簡単に解説する．

10.1 数独にいどむ(数独.lg4) （商用版利用）[†]

数独愛好者には申し訳ないが，数独の解答を求めるモデルを解説する．数独は，9行9列の升目のある部分に1から9がたった一度しか表れないという次の制約がある．場合によって，d)とe)の条件を課さないことがある．

a) 各行
b) 各列
c) 9個の3×3に分割された升目
d) 対角要素の升目
e) 右上から左下の対角要素の升目

次が人の楽しみを奪うLINGOのモデルである．簡単なアルゴリズムのポイントをコメント(!…;)にしてあるので，数独の楽しみの代わりに解読してみよう．

```
SETS:
  DIM;
  DD(DIM,DIM):X; !配列Xは数独の9行9列の升目を表す;
  DDD(DIM,DIM,DIM):Y; !配列Yは制約を満たすkを各升目に設定する場合1;
ENDSETS
```

[†] 整数変数が9×9×9 = 729個必要なため，評価版では分析できない．

第10章 種々のモデル

```
DATA:
  DIM=1..9;
  DIAG=1;  !d)と e)の条件を課す場合は diag=1, 課さない場合は 0;
ENDDATA
  X(1,1)=5; X(2,6)=8; X(3,4)=5; X(3,9)=1; X(4,2)=1; X(4,7)=6; X(4,8)=3;
    X(9,1)=9; X(9,2)=8; X(9,5)=6;
  !数独の問題を指定する;
  @FOR(DD(i,j): X(i,j)=@SUM(DIM(k): k*Y(i,j,k)); !X の i 行 j 列を k にする.
    Y(i,j,k)は X(i,j)に k が入る場合は 1,それ以外は 0;
  @SUM(DIM(k): Y(i,j,k))=1; !i 行の j 列を k とする場合は 1,それ以外の場
    合は 0.例えば Y(i,j,9)は X(i,j)に 9 を入れると Y(i,j,9)=1 になる;
  @FOR(DIM(k): @BIN(Y(i,j,k)));); !配列 Y の要素は 0/1 の 2 値の整数;
  @FOR(DIM(j): @FOR(DIM(k): @SUM(DIM(i): Y(i,j,k))=1;););
    !配列 Y の j 列で, k の値を i=1 から 9 行の 1 個に割り当てる;
  @FOR(DIM(i): @FOR(DIM(k): @SUM(DIM(j): Y(i,j,k))=1;););
    !配列 Y の i 行で, k の値を j=1 から 9 列の 1 個に割り当てる;
  @FOR(DIM(k):
  @SUM(DD(i,j)| i #le#3 #and# j #le# 3: Y(i,j,k))=1;
    !上段左の 3 行 3 列に k の値を一つ割り振る;
  @SUM(DD(i,j)| i #le#3 #and# j #gt#3 #and# j #le# 6: Y(i,j,k))=1;
    !上段中央に割り振る;
  @SUM(DD(i,j)| i #le#3 #and# j #gt# 6: Y(i,j,k))=1;
    !上段右に割り振る;
  @SUM(DD(i,j)| i #gt#3 #and# i #le#6 #and# j #le# 3: Y(i,j,k))=1;
    !中段左に割り振る;
  @SUM(DD(i,j)| i #gt#3 #and# i #le#6 #and# j #gt#3 #and# j #le#6:
    Y(i,j,k))=1; !中段中央に割り振る;
  @SUM(DD(i,j)| i #gt#3 #and# i #le#6 #and# j #gt# 6 #and# j #le# 9:
    Y(i,j,k))=1; !中段右に割り振る;
  @SUM(DD(i,j)| i #gt#6 #and# i #le#9 #and# j #gt# 0 #and# j #le# 3:
    Y(i,j,k))=1; !下段左に割り振る;
```

10.1 数独にいどむ（数独.lg4）

```
  @SUM(DD(i,j) | i #gt#6 #and# i #le#9 #and# j #gt#3 #and# j #le# 6:
   Y(i,j,k))=1;！下段中央に割り振る；
  @SUM(DD(i,j) | i #gt#6 #and# i #le#9 #and# j #gt# 6 #and# j #le# 9:
   Y(i,j,k))=1;！下段右に割り振る；
  @SUM(DD(i,j) | i #eq# j: DIAG*Y(i,j,k))=DIAG;
   ！主対角要素にkを割り振る；
  @SUM(DD(i,j) | i+j #eq# 10: DIAG*Y(i,j,k))=DIAG;);
   ！逆対角要素にkを割り振る；
DATA:
   @OLE( )=x;！答えを配列Xに出力；
ENDDATA
```

	A	B	C	D	E	F	G	H	I	J
1		1	2	3	4	5	6	7	8	9
2	1	5								
3	2						8			
4	3				5					1
5	4		1					6	3	
6	5									
7	6									
8	7									
9	8									
10	9	9	8			6				
11										
12		1	2	3	4	5	6	7	8	9
13	1	5	4	8	1	3	7	9	6	2
14	2	2	9	1	6	4	8	7	5	3
15	3	6	7	3	5	9	2	8	4	1
16	4	7	1	5	8	2	4	6	3	9
17	5	8	3	6	9	1	5	4	2	7
18	6	4	2	9	3	7	6	1	8	5
19	7	3	5	7	4	8	1	2	9	6
20	8	1	6	4	2	5	9	3	7	8
21	9	9	8	2	7	6	3	5	1	4

図 10.1　DIAG＝0 の場合の答え（数独.xls）

166 第10章 種々のモデル

図 10.1 が，d) と e) の条件を課さない DIAG = 0 の場合の答えである．上が与えられた問題で下が正解の入った配列 X である．

10.2 CT(コンピュータ断層撮影)にいどむ(CT.lg4)

筆者が医学診断の研究に携わっていたとき，コンピュータ断層撮影(Computed Tomography, CT)が発表された．断片的なニュースから，およそその仕組みがすぐに理解でき，うまいことを考えたなと感心した．普通のレントゲン写真は，胸から放射線を照射すると，骨や各種臓器の細胞で減衰し，背中の写真に感光される．途中のいろいろな臓器や骨の影が重なった X 線写真フィルムの像を医師が読映し，診断するわけだ．

しかし CT は，体を輪切りにした断層面を考える．それを細かい格子に分割すれば，各格子は放射線の減衰率が一定と考えられ，連立方程式を解く要領で各格子点の減衰率を求めてやればよい．

そこで，人間の体の断面が図 10.2 のように数独で用いた9行9列の格子(B2：J10)で表されたとする．表面は減衰率の大きな骨の3で覆われている．体内は，0から3の整数値をもつ種々の臓器である．この人体に左の行方向(A2：A16) から 30，上の列方向(B1：J1) から 30 の放射線を照射すると，体内の各格子で与えられた数字が差し引かれ減衰する．(K2：K10) と (B11：J11) では，減衰の和を示す．実際に検知される量は，L列(L2：L10) と 12 行(B12：J12) に与えてある．

さて CT の仕組みを LINGO で再現してみよう．X(L2：L10) と Y(B12：J12) の値が観測された．この感知された X と Y の値から CT のように断層図を LINGO モデルで作成すると B16：J24 の計算結果が得られる．残念ながらこの計算値と，実際の値(B2：J10) を引いた差(B28：J36) は 0 でないものが 81 個中 35 個もある．

なぜうまくいかないのだろうか．それは，18 個の連立方程式で 81 個の変数の値を推測できないためである．実際の CT のように照射角度を 360 度連続に

10.2 CT（コンピュータ断層撮影）にいどむ（CT.lg4）

回転して，連立方程式を増やす等の改良が必要であろう．

この問題を数独と同じく整数計画法で解くと 81 個の整数変数が必要になる．しかし，この指定を！でコメント化すると，LP で解くことができ，自然な整数解が求まる．

	A	B	C	D	E	F	G	H	I	J	K	L
1			30	30	30	30	30	30	30	30		
2		30	3	3	3	3	3	3	3	3	27	3
3		30	3	1	1	2	0	0	1	3	14	16
4		30	3	0	1	0	1	1	0	0	3	9	21
5		30	3	2	2	0	1	1	2	0	3	14	16
6		30	3	1	3	0	0	2	3	1	3	16	14
7		30	3	1	1	0	2	0	0	0	3	10	20
8		30	3	0	2	0	0	2	0	1	3	11	19
9		30	3	3	1	2	2	0	0	1	3	15	15
10		30	3	3	3	3	3	3	3	3	27	3
11			27	14	17	10	12	12	12	12	27	
12			3	16	13	20	18	18	18	18	3	
13												
14			30	30	30	30	30	30	30	30		
15		30	3	3	3	3	3	3	3	3	27	3
16		30	3	3	0	2	0	0	3	0	3	14	16
17		30	3	1	2	0	0	0	0	0	3	9	21
18		30	3	3	3	0	3	0	1	3	14	16
19		30	3	1	3	0	0	3	3	3	16	14
20		30	3	1	0	0	3	0	0	0	3	10	20
21		30	3	0	0	0	0	0	2	3	11	19
22		30	3	1	3	2	0	3	0	0	3	15	15
23		30	3	3	3	3	3	3	3	3	27	3
24			27	14	17	10	12	12	12	12	27	
25			3	16	13	20	18	18	18	18	3	
26												
27			30	30	30	30	30	30	30	30		
28		30	0	0	0	0	0	0	0	0		
29		30	0	-2	1	0	0	-2	3	0		
30		30	0	-1	-1	0	1	1	0	0	0	
31		30	0	1	-1	0	1	-2	2	-1	0	
32		30	0	0	0	0	0	2	0	-2	0	
33		30	0	0	1	0	-1	0	0	0	0	
34		30	0	0	2	0	-3	2	0	-1	0	
35		30	0	2	-2	0	2	-3	0	1	0	
36		30	0	0	0	0	0	0	0	0		

図 10.2　CT の断面図（CT.xls）

```
SETS:
  DIM: X,Y; DD(DIM,DIM): BODY;
ENDSETS
DATA:
  DIM=1..9; X=@OLE( ); Y=@OLE( );
ENDDATA
  @FOR(DIM(i): @SUM(dim(j): BODY(i,j))=30-X(i));
  @FOR(DIM(j): @SUM(dim(i): BODY(i,j))=30-Y(j));
  @FOR(DD(i,j): @BND(0,BODY(i,j),3));
  !@FOR(DD(i,j): @GIN(BODY(i,j)));
DATA:
  @OLE( )=BODY;
ENDDATA
```

10.3 輸送問題で経営の道義を考える

輸送問題は，PERTと同じくネットワーク構造をもつ問題であり，輸送量を表す決定変数は整数計画法で定式化しなくても自然に整数値が求まる問題が多い．

図10.3は，2工場から3倉庫への輸送費を最小化する問題である．B5：C7の各セルは，例えばB5が工場1から倉庫Aへの輸送量を表す．B11：C13は各輸送経路の輸送費であり，経路B5(工場1から倉庫A)は20万円かかる．この問題は，矢線図で表せば2工場を表す2個の開始ノードを左に書き，右に3個の倉庫を表す終了ノードを3個書いて，これらを結ぶ$2\times 3=6$個の矢線を書けばよい．輸送問題の基本は，輸送元にはB9：C9で表す供給限界があることである．

また，受け手側の倉庫の需要(F5：F7)が決まるが，工場から輸送される量はこの値以上であれば最適解が求まる．すなわち供給量は250であり，需要の220より大きい必要がある．

10.3 輸送問題で経営の道義を考える

	A	B	C	D	E	F
1	輸送費用最小化問題					
2						
3		輸送元				倉庫
4	輸送先	工場1	工場2	輸送量		の需要
5	倉庫A	50	0	50	≧	50
6	倉庫B	0	90	90	≧	90
7	倉庫C	50	30	80	≧	80
8	輸送量	100	120			
9	供給限界	100	150			
10		費用(千円)	費用(千円)	総費用		
11		¥200	¥500	89000		
12		¥300	¥400			
13		¥500	¥600			
14						

図 10.3　2工場から3倉庫への輸送費を最小化する問題(輸送.xls)

この問題を次の LINGO モデル(輸送.lg4)で解くと，図 10.3 の輸送量(B5：C7)と総費用が 89000(千円)であることがわかる．

(設問 3)　供給限界と需要の要求の条件を満たすことを確認してほしい．

```
SETS:
  DEMAND: D;
  FACTORY: P;
  TRANS(DEMAND, FACTORY): T, CC;
ENDSETS
DATA:
  D, P, CC=@OLE( );
ENDDATA
  [COST] MIN=@SUM(TRANS(i,j): CC(i,j)*T(i,j));
  @FOR(FACTORY(j): @SUM(DEMAND(i): T(i,j))<=P(j));
  @FOR(DEMAND(i): @SUM(FACTORY(j): T(i,j))>=D(i));
```

170　第10章　種々のモデル

```
DATA:
  @OLE( )=T,COST;
ENDDATA
```

しかし，倉庫Aの需要が100に増えると総需要は270となり，供給を20超過するので，LINGOからは実行可能解がないというエラーメッセージが出て計算の途中で停止する．Excelには途中結果が表示される（表示される内容は状態によって異なる）．一体どうすればよいだろうか．

実は，形式的に倉庫と工場を送り手側と受け側に入れ替えて解けばよい．このためにLINGOで次のように制約式の不等式の向きの変更を行うだけでよい．これによって，図10.4が得られる．

```
@FOR(FACTORY(j): @SUM(demand(i): T(i,j)) >= P(j));
@FOR(DEMAND(i): @SUM(FACTORY(j): T(i,j)) <= D(i));
```

これで問題が無事に解決できただろうか．結果を詳細に眺めると倉庫Cの需要の80に対し60しか輸送されていない．こうすることで，輸送費が最小になる．しかし，これで経営上問題ないかどうかを米国のビジネス・スクールで取り上げられた[36]．倉庫でなく，例えば日本の各都道府県にインフルエンザのワクチンを届けるような問題を考えてみよう．単に経済的な問題で，輸送費

	A	B	C	D	E	F
1	輸送費用最小化問題					
2						
3		輸送元				倉庫
4	輸送先	工場1	工場2	輸送量		の需要
5	倉庫A	100	0	100	≦	100
6	倉庫B	0	90	90	≦	90
7	倉庫C	0	60	60	≦	80
8	輸送量	100	150			
9	供給限界	100	150			
10		費用(千円)	費用(千円)	総費用		
11		¥200	¥500	92000		
12		¥300	¥400			
13		¥500	¥600			

図10.4　供給量が足りない場合の解

が最小だから，遠隔地の北海道や鹿児島を切り捨ててよいだろうか．日本では，残業してでも増産しない企業は，ユーザーから糾弾されるであろう．

10.4 要員計画(異なった目的関数を3段階で最適化する，要員計画.lg4)

異なった3つの目的関数で最適な要員計画を作成することにしたい．

図10.5では，1週間で5日連続して働き，2日間休みをとる企業を考える．B3:H3は月曜から日曜までの人件費(円／人)であり，セル範囲名はCOSTとする．B6:H6はセル範囲名NEEDであり，各曜日に必要な要員数である．以上から，各曜日に働き始める人数(B4:H4はセル範囲名STARTで，この曜日から働き始める人数)を決定し，総人件費を最小化したい．

開始人員(START)から，各曜日の担当人員(B5:H5)を計算する必要があ

	A	B	C	D	E	F	G	H	I
1		解1：費用最小化							
2		月	火	水	木	金	土	日	費用1
3	Cost	200	200	200	200	200	200	200	23000
4	開始	7	4	0	6	0	4	2	
5	担当	19	17	17	19	17	14	12	
6	要求人数	19	17	15	19	17	14	12	
7	超過数	0	0	2	0	0	0	0	
8		解2：費用最小/Min Max(超過)							
9		月	火	水	木	金	土	日	費用2
10	開始	6	4	0	6	1	3	3	23000
11	担当	19	17	16	19	17	14	13	
12	要求人数	19	17	15	19	17	14	12	
13	超過数	0	0	1	0	0	0	1	
14		解3：費用最小/Min Max(超過)/日曜の最小化							
15		月	火	水	木	金	土	日	費用3
16	開始	7	4	0	6	1	3	2	23000
17	担当	19	17	16	19	18	14	12	
18	要求人数	19	17	15	19	17	14	12	
19	超過数	0	0	1	0	1	0	0	

図10.5 要員計画(要員計画.xls)

る．月曜に働く人は前週の木曜から今週の月曜に働き始める人(START)の総和である．日曜は今週の水曜から日曜までで働き始める人の和である．月曜のB5のセルは「= B4+E4+F4+G4+H4」のようなExcelの計算式が入っている．担当者数から要求人数を引いたものが超過数である．

セルI3にはLINGOの計算結果を出力しないで，計算式「= SUMPRODUCT(COST, B5:H5)」，セルI10には計算式「= SUMPRODUCT(COST, B11:H11)」，セルI16には計算式「= SUMPRODUCT(COST, B17:H17)」を入れよう．これによってLINGOのモデルを簡素化できる．筆者が行ってきた判別分析の研究で，判別係数から2万個の評価データの判別得点をLINGOで計算していたが，それをExcelで事前に計算式を与えることで計算時間の短縮が図れた．

この要員計画では，次の3段階で最適化を行う．
　　Step 1：総人件費用の最小化
　　Step 2：− Step 1の水準で求まった総人件費用を固定し
　　　　　　− 各曜日の超過要員の最大値を最小化し，結果として各曜日の超過数を平準化する
　　Step 3：− Step 2の水準を維持し
　　　　　　− 日曜の要員を最小化する

次が，LINGOのモデルである．集合節の下線を引いた集合DAYは，インデックスのMON, …, SUNで月曜から日曜を表す(1...7でもよい)．配列は，1日当たりの費用(COST)，各曜日に必要な人数(NEED)，各曜日に働き始める人数(START, Step 2ではSTART2, Step 3ではSTART3)，各曜日の超過人数(EXCESS)である．

DATA節で，Excelから費用(COST)と必要人数(NEED)を入力する．

```
MODEL:
SETS:
    DAY/MON, TUE, WED, THU, FRI, SAT, SUN/: COST, NEED, START, EXCESS, START2,
        START3;
```

10.4 要員計画(異なった目的関数を3段階で最適化する, 要員計画.lg4)

```
ENDSETS
DATA:
  COST,NEED=@OLE( );
ENDDATA
SUBMODEL OBJ_COST: MIN=TTL_COST;
ENDSUBMODEL
SUBMODEL OBJ_MAX_EXCESS: MIN=MAX_EXCESS;
ENDSUBMODEL
SUBMODEL OBJ_MIN_SUNDAY_STAFF:
  MIN=EXCESS(@INDEX(DAY,SUN));
ENDSUBMODEL
SUBMODEL BASE:
  TTL_COST=@SUM(DAY(D): START(D)*COST(D));
  @FOR(DAY(D): @SUM(DAY(COUNT)|COUNT #LE# 5: START(@WRAP(D-COUNT+1,
    @SIZE(DAY))))-EXCESS(D)=NEED(D));
  !Computes the maximum staff excess;
  @FOR(DAY(D): MAX_EXCESS>=EXCESS(D));
  !Starts must be integral;
  @FOR(DAY: @GIN(START));
  @BND(0,TTL_COST,BNDU_COST);
  @BND(0,MAX_EXCESS,BNDU_MAX_EXCESS);
ENDSUBMODEL
CALC:
  ! LINGOに分析レポートを出力しない; @SET('TERSEO',2);
  !人件費と超過人数の上限を大きな値に設定;
  BNDU_COST=1.E10; BNDU_MAX_EXCESS=1.E10;
  @SOLVE(OBJ_COST,BASE);
    BNDU_COST=TTL_COST; @OLE( )=START;
  @SOLVE(OBJ_MAX_EXCESS,BASE);
    @FOR(DAY: START2=START);
    @OLE( )=START2; BNDU_MAX_EXCESS=MAX_EXCESS;
```

```
@SOLVE(OBJ_MIN_SUNDAY_STAFF, BASE);
@FOR(DAY: START3=START); @OLE( )=START3;
ENDCALC
END
```

その後に4つのSUBMODEL節がある．最初の3つは，3段階で用いられる目的関数で，4番目は制約式の部分である．これらの3つの目的関数と制約式で，3つの最適化モデルが定義できる．最初のモデルは，総人件費（TTL_COST）を最小化する．この値がSTEP1の総費用である．2番目は，超過人数の最大値（MAX_EXCESS）を最小化する．最後は，「EXCESS(@INDEX(DAY, SUN))」で，日曜の超過数を最小化する．4番目の制約式の「@WRAP(D - COUNT + 1, @SIZE(DAY))」は，@WRAP(INDEX, LIMIT) = INDEX - K * LIMIT = J という値を返す．ただしKはJが [1, LIMIT] の範囲を満たすように調整する整数である．

D = 7の場合，COUNTを1から5まで動かすと，@WRAP(D - COUNT + 1, @SIZE(DAY)) = @WRAP({7, 6, 5, 4, 3}, 7) = {7, 6, 5, 4, 3} になる．D = 1の場合，COUNTを1から5まで動かすと，@WRAP(D - COUNT + 1, @SIZE(DAY)) = @WRAP({1, 0, -1, -2, -3}, 7) = {1, 7, 6, 5, 4} になる．@WRAP関数は永遠の時間の流れを曜日や24時間に折りたたんでしまうわけだ．

結局「@SUM(DAY(COUNT) | COUNT #LE# 5: START(@WRAP(D - COUNT + 1, @SIZE(DAY))))」は，各曜日の担当人数を計算する．Excelでは，STARTの人数が決まれば，同じ内容のExcelの計算式が入っているので比較して@WRAP関数を理解してほしい．

CALC節で，人件費と超過人数の上限を 10^{10} に制限する．

最初の「@SOLVE(OBJ_COST, BASE);」で，総人件費の最小化を行っている．そして，総費用を「BNDU_COST = TTL_COST;」で固定し，「@OLE() = START;」でExcel上に開始人員を出力する．

2番目の「@SOLVE(OBJ_MAX_EXCESS, BASE);」では，超過人員の最

大値を最小化する．1番目で水曜日に超過人員が2人いたものを，1人日曜に移動させ，超過人員数を2から1に減らすことに成功した．「@FOR(DAY：START2 = START)；」は，開始人員をモデルでは START と同じ配列名で計算していて，Excel では Step 2 と Step 3 の開始人員を添え字をつけて表すためである．

3番目の「@SOLVE(OBJ_MIN_SUNDAY_STAFF, BASE)；」では，総人件費を固定し，超過人員を1に抑えて，日曜にくることを避けている．これによって，日曜の超過数を平日の木曜に移動できた．

10.5　ナップザック問題(Knapsack.lg4)

0/1の整数変数でなく，非負の一般整数変数となると，場合の数が極端に増える．例えば次のモデルは，制約式 [_2] のもとで，目的関数 [_1] を最大化する単純なモデルである．具体的には，このようなタイプのモデルは「ナップザック問題」という．個人が旅行でもっていくナップザックに荷物を容量制限内で詰め込むことを考える．そのとき，荷物の重要度の総和を最大化したい．ナップザックに限らず，運輸に用いるコンテナや，CD に映像コンテンツなどを詰め込むような問題である．

```
[_1] MAX=81*X_1+221*X_2+219*X_3+317*X_4+385*X_5+413*X_6;
[_2] 12228*X_1+36679*X_2+36682*X_3+48908*X_4+61139*X_5+73365*X_6
    =89716837;
    @GIN(X_1); @GIN(X_2); @GIN(X_3); @GIN(X_4); @GIN(X_5); @GIN(X_6);
    @BND(0,X_1,99999); @BND(0,X_2,99999);
    @BND(0,X_3,99999); @BND(0,X_4,99999);
    @BND(0,X_5,99999); @BND(0,X_6,99999);
```

この問題をナップザック問題と解釈すれば，X_1 から X_6 の6個の製品があり，それらの重量は，12228, 36679, 36682, 48908, 61139, 73365 である．そして，1個詰め込んだ場合の利益が 81, 221, 219, 317, 385, 413 である．

このとき各製品は何個詰め込んでもよいとする．そこで一般整数変数として扱うが，@BND 関数で 0 から 99999 までの間の一般整数変数に限定する．しかし，これでも探索空間は $(10^5)^6 = 10^{30}$ になる．

これを LINGO で解くと 1 秒以内で次の解が出力される（図 10.6）．整数計画法の場合は，減少費用と双対価格の解釈は難しいので利用しないでほしい．

しかし，このモデルを永遠に解けない数理計画法ソフトもある．

結局，整数計画法は，問題のタイプで計算時間が異なり，ソフトによっても得意／不得意がある．それなのに，整数計画法の研究者の一部は，整数計画法の特定の問題でどれだけの計算時間で解けたかどうかを最重要視している．筆者にいわせれば，学生から研究者までもが使いやすく，授業や仕事で使う多くの雛型モデルが提供され，すぐに利用できることがより重要であると考える．

```
Global optimal solution found.
Objective value :      540564.0

Variable            Value         Reduced Cost
   X_1           0.000000          -81.00000
   X_2           2445.000          -221.0000
   X_3           1.000000          -219.0000
   X_4           0.000000          -317.0000
   X_5           0.000000          -385.0000
   X_6           0.000000          -413.0000
   Row       Slack or Surplus      Dual Price
    _1           540564.0           1.000000
    _2           0.000000           0.000000
```

図 10.6　ナップザック問題の解

10.6 マルコフ過程(Markov.lg4)

時間でランダムに移り変わるシステムをモデル化するための標準的な手法にマルコフ過程がある．基本的な考え方は，システムがある時間で複数個の状態のうちの1つの状態にあるということである．システムの動きは，システムが今の状態から次の状態へ移動する確率を与える推移確率行列で記述される．

例えば，消費者のブランド・スイッチング(商品の購入傾向の変更)を考えると，消費者が最近購入した製品のブランドが状態になり，心変わりや広告が推移の原因になる．在庫システムの場合，在庫の量が状態であり，新規オーダーや需要によって推移する．

しかし筆者が一番感心したのは，GoogleがPageRankという技術で後発にもかかわらず，瞬く間に情報産業の覇者になった．実は彼らは固有値問題を利用しているが，マルコフ過程でも分析できる．詳細は『数学でできる問題解決学』[25]を参照してほしい．

(1) 例 題

新しい洗剤を宣伝し，市場のシェアを変えることができるかどうか調べたい．ライバルは既存の3製品である．テストマーケティングと消費者インタビューの結果，表10.1の推移確率行列を得た．

新製品は，この行列のAである．i行j列の値を$P(i, j)$で表す．$P(1, 1) =$

表10.1 推移確率行列

		次回購入			
		A	B	C	D
前回購入	A	0.75	0.1	0.05	0.1
	B	0.4	0.2	0.1	0.3
	C	0.1	0.2	0.4	0.3
	D	0.2	0.2	0.3	0.3

0.75 であるが,商品 A を最近購入した人の 75%が,次回も A を購入することを表す.また,$P(2, 4) = 0.3$ は,B を購入した人の 30%が次回は D を購入する.この行列を見て X 氏が,A は,そのうち市場の 75%を占めることができると主張した.この主張は正しいだろうか.

(2) 分析(Markov.lg4)

マルコフ過程は 4 製品の占有率はやがて定常状態になることがわかっている.すなわち定常状態になった確率ベクトルに推移確率行列をかけると,同じ定常状態のベクトルになることを利用すればよい.

```
MODEL:
SETS:
  STATE/1..4/:
  SPROB; !SPROB(J)は定常確率;
  SXS(STATE,STATE):
  TPROB; !TPROB(I,J)は推移確率行列;
ENDSETS
DATA:
  TPROB=.75 .1 .05 .1
        .4  .2 .1  .3
        .1  .2 .4  .3
        .2  .2 .3  .3;
ENDDATA
  @FOR(STATE(J) | J #LT# @SIZE(STATE):
  SPROB(J)=@SUM(SXS(I,J): SPROB(I)*TPROB(I,J)););
  !定常状態でN個の方程式を解く;
  @SUM(STATE: SPROB)=1; !定常確率の和は1;
  @FOR(STATE(I):
  @WARN('行の和は1.', @ABS(1-@SUM(SXS(I,K): TPROB(I,K)))
    #GT# .000001;););
END
```

これを解くと，次の結果が得られる：
VARIABLE   VALUE
SPROB(1)   0.4750000
SPROB(2)   0.1525000
SPROB(3)   0.1675000
SPROB(4)   0.2050000

新しいブランドのシェアは0.475で，X氏の主張を随分下回っている．

(設問5) 注目する携帯電話や，食品，都道府県間の人口移入と移出などをマルコフ過程で分析してみよう．

10.7　財務関数の利用(住宅ローンの計算，Whatif.lg4)

非常によく利用される財務上の計算は，住宅ローンの計算である．LINGOの関数@FPA(MRATE, MONTHS); は，月の利率MRATEと返済月数MONTHを与え，月の支払額をかけると，借りられるローンの総額が計算できる．なお，MRATEはパーセントではなく小数点表示された値である．次の雛型モデル(Whatif.lg4)は，@FPA関数の使用例である．

```
MODEL:
DATA:
  PAYMENT=?; !月の支払額;
  YEARS=?; !支払年数;
  YRATE=?; !年利;
ENDDATA
  MONTHS=YEARS*12;
  (1+MRATE)^12=1+YRATE;
  !ローンの額面額を求める; LUMP=PAYMENT*@FPA(MRATE, MONTHS);
END
```

実行すると，LINGO は DATA 節で疑問符(?)がついている各変数の値をダイアログに表示し，聞いてくる．下記は，上記のモデルの LINGO とのやり取りの例である．

Please Input Values for Parameters：
PAYMENT ＝ 10(万円)；！月の支払額；
YEARS ＝ 30；！支払年数；
YRATE ＝ 0.05；！年金利；
この後，次の計算結果が出力される．
Feasible solution found.

Variable	Value
PAYMENT	10.00000
YEARS	30.00000
YRATE	0.5000000E-01
MONTHS	360.0000
MRATE	0.4074124E-02
LUMP	1886.596

よって，0.05(5%)の金利で 30 年間にわたって月支払額を 10 万円とすると 1886 万円のローンが組める．この意味を，2.6 節のローンの計算式を用いて，数学ソフトの Speakeasy[18] で検算してみると，当然ながら同じ結果になる．

：_MRATE=1.05**(1/12)-1
：_MRATE
MRATE= .0040741
：_P=10*(1-1/1.0040741**360)/0.0040741
：_p
P=1886.6

付録　LINGO の関数

　LINGO の関数は，モデルを構築する言語の一部である．関数では，単純な＋，－，×，÷ 演算子以外のより高度な数学命令が提供されている．LINGO の関数は4つのタイプに分けられる．
① **標準演算子**：＋や－などの基礎的な算術演算子や論理関数を含む．
② **数学関数**：1つまたは複数の引数をもち，1つの出力を返す．
③ **集合関数**：集合に対する関数である．例えば，数の集合に対し，合計や，最小，最大を求める．
④ **制限関数**：結果を求めるのではなく，制約条件を付加する関数である．例えば，関数の引数に対し，上限や下限などを指定する．

付録1　標準演算子
(1)　算術演算子
　算術演算子は，数値と一緒に使う．LINGO には下記の5つの2値型(2つの数字と一緒に使う)算術演算子がある．
　^：べき乗，＊：乗算，／：除算，＋：和，－：差
　負の記号(－)は，1つの数字の前に置く LINGO の算術演算子である．これらの演算子には，次のような優先度がある．
　　高位：－(負の記号)，^，＊/，低位：＋ －
　一般に演算子は左から右の順に評価されるが，高位の演算子があればそれが優先される．評価の順番は括弧を付けることで変えることができる．

(2)　関係演算子と論理演算子
　関係演算子と論理演算子は，集合演算子と関連が深い．LINGO では，関係演算子や論理演算子を使って，集合への属性や，集合のどの要素がシグマ(和)記号などの命令に含まれているかどうかなどを調べる．
　関係演算子や論理演算子を両方含む式では，関係演算子の方が優先される(すなわち，関係演算子が論理演算子の前に評価される)．

① 関係演算子
関係演算子は2つの数値に対し論理結果(TRUEまたはFALSE)を返す．
LINGOには6つの関係演算子がある．
- #EQ#：2つの値が等しければTRUEを返す．そうでなければFALSE.
- #NE#：2つの値が等しくなければTRUEを返す．等しい場合はFALSE.
- #GT#：左側が右側より大きければTRUEを返す．そうでなければFALSE.
- #GE#：左側が右側より大きいまたは等しければTRUEを返す．そうでなければFALSE.
- #LT#：左側が右側より小さければTRUEを返す．そうでなければFALSE.
- #LE#：左側が右側より小さいまたは等しければTRUEを返す．そうでなければFALSE.

全ての関係演算子の優先度は同じである．

② 論理演算子
論理演算子は，論理表現に対し論理結果(TRUEまたはFALSE)を返す．論理演算子は関係式と論理式をつなぐために使用される．
LINGOには3つの論理演算子がある．このリストは優先度の順に並べられている．
- #NOT#：論理値を逆にする．#NOT#は右だけに引数をもつ．
- #AND#：2つの式が共にTRUEのときだけ，TRUEを返す．それ以外はFALSE.
- #OR#：2つの式のどちらかがTRUEのとき，TRUEを返す．それ以外はFALSE.

(3) 等号と不等号演算子
LINGOでは等号や不等号を，式の右辺と左辺が等しい，以下，以上などを表すために使用できる．これらは，関係演算子 #EQ#, #LE#, #GE# とは異なる．LINGOには下記の3つの等号と不等号演算子がある．
- ＝　左辺は右辺と等しい．
- ＜　左辺は右辺より以下か等しくない．
- ＞　左辺は右辺より以上か等しくない．

付録2　数学関数

(1) 一般数学関数と三角関数

@ABS(X)：Xの絶対値，@EXP(X)：定数e(2.718281…)のX乗，@LGM(X)：ガンマ関数のXの値の自然対数，@LOG(X)：Xの自然対数，@SIGN(X)：Xが負であれば-1，それ以外は+1，@SMAX(list)：list内の最大値，@SMIN(list)：list内の最小値，@WARP(I, N)：Iが区間 [1, N] 内に入れば，Iを返す．そうでなければIからNをその値が区間 [1, N] 内に入るまで引き続け，入ればその値を返す．@WARPはN＜1のときは定義されない．

@SIN(X)：Xのサイン，@COS(X)：Xのコサイン，@TAN(X)：Xのタンジェント

(2) 財務関数

- @FPA(I, N)：年金の現在価値，すなわち，現在からN期間，金利Iの場合に，1ドル投資した場合の現在価値を返す．Iはパーセントではなく小数点表示の金利である．Xドル投資した場合の値を求めるときは，Xを結果に掛ける．
- @FPL(I, N)：金利がIであるときに，現在からN期間1ドルずつ投資した場合の総額の現在価値を返す．Iはパーセントではなく小数点表示の金利である．

(3) 確率関数

- @PSN(X)：標準正規分布の累積確率．@PSN(X)は，標準正規分布でX以下になる確率を与える．標準正規分布は平均0，標準偏差1である．
- @PSL(X)：@PSL(X)は，Zを標準正規分布に従う確率変数としたとき，MAX(0, Z-X)の期待値を返す．在庫のモデルで需要が標準正規分布に従っているとき，@PSL(X)は，需要がXを越えたときの在庫の期待値を与える．
- @PPS(A, X)：ポアソン分布の累積確率．@PPSは平均がAであるポアソン確率変数がX以下である確率を返す．Xが整数でない場合は，@PPSは確率計算において補間を行う．
- @PPL(A, X)：ポアソン分布に対する線形損失関数．@PPLはMAX(0, Z-X)の期待値を返す．ここで，Zは平均がAであるポアソン確率変数である．

- @PBN(P, N, X)：二項分布の累積確率．@PBN は，不良率が P である場合，大きさ N の標本をとったときに，不良の個数が X 以下である確率を返す．X と N が整数でない場合は，確率計算において補間を行う．
- @PHG(POP, G, N, X)：超幾何分布の累積確率．母集団の大きさが POP で，そのうち G が良品であるとき，この母集団から非復元抽出で大きさ N の標本を取り出したとき，良品の数が X 以下である確率を，@PHG は返す．POP，G，N，X が整数でない場合は，確率計算において補間を行う．
- @PEL(A, X)：X 個のサービスを持ち，負荷 A が到着する，待合室がないシステムに対するアーラン(Erlang)のあふれ率．@PEL の結果は，全てのサービスが埋まっている時間の割合とか，客が到着したときに，全てのサービスが埋まっているために逃してしまう客の割合であると解釈できる．X が整数でない場合は，確率計算において補間を行う．到着する負荷 A は，単位時間あたりに到着する客の数の期待値に，1 人の客に対して要するサービス時間の期待値を掛ける．
- @PEB(A, X)：X 個のサービスをもち，負荷 A が到着する，無限待合室をもつシステムに対するアーラン(Erlang)のあふれ率．@PEB の結果は，全てのサービスが埋まっている時間の割合とか，待ち行列に並ばないといけない客の割合であると解釈できる．X が整数でない場合は，確率計算において補間を行う．到着する負荷 A は，単位時間あたりに到着する客の数の期待値に，1 人の客に対して要するサービス時間の期待値を掛ける．
- @PFS(A, X, C)：平行して行われている X 個のサービス，C 人の客，有限の負荷 A をもつポアソンサービスシステムで，待っているかまたは修理をしている客の数の期待値．X や C が整数でない場合は，確率計算において補間を行う．A は客の数に平均サービス時間を掛け，平均修理時間で割ったものである．
- @PFD(N, D, X)：自由度 N と D の F 分布の累積分布関数
- @PCX(N, X)：自由度 N の χ^2 乗分布の累積分布関数
- @PTD(N, X)：自由度 N の t 分布の累積分布関数

付録3　集合関数

@FOR 関数以外の集合関数は，集合上から1つの値への関数である．構文は次の通りである．

　　　集合関数(集合名 | 条件：式)

(条件)の部分はオプションである．利用できる関数は以下の通りである．

- @FOR(集合名：制約式)：集合名で指定された集合の各要素に対し，制約式で指定された制約を設ける．
- @IN(集合名，集合の要素)：集合に要素が含まれれば1，そうでなければ0
- @MIN(集合名：式)：集合上での式の値の最小値
- @MAX(集合名：式)：集合上での式の値の最大値
- @SIZE(集合名)：集合の要素の数
- @SUM(集合名：式)：集合上での式の値の合計

付録4　制約関数とメッセージ関数

制約関数を使えば，変数や属性上に制約を設けることができる．各関数は下記の通りである．

- @BND(L, X, U)：変数または属性 X に対し，L 以上，U 以下という制約を設ける．
- @BIN(X)：変数または属性 X に対し，2値型整数(0 または1)であるという制約を設ける．集合間にわたって，希望の要素に @BIN を適用するためには，@FOR を使う．
- @FREE(X)：デフォルトの下限の0を取り除き，負の値を利用できるようにする．希望の要素に @FREE を適用するためには，@FOR を使う．
- @GIN(X)：変数または属性 X の値が，整数であるという制約を設ける．希望の要素に @GIN を適用するためには，@FOR を使う．
- @WARN('メッセージ'，条件)：条件が成立すれば，'メッセージ'を表示．

付録5　@USER 関数

@USER 関数を使うことで，LINGO で各自で作成した関数を自由に使える．使用する関数は，Fortran か C 言語で書かれコンパイルの必要がある．LINGO モデルか

ら見れば,@USER 関数は少なくとも1つの引数をもつが,上限はない.@USER 関数が出力する結果は,ユーザが書いたプログラムで計算された結果である.

関数を書くプログラマの立場で見れば,@USER 関数は2つの引数をもつ.
- LINGO モデルで参照される引数の数を指定する整数
- @USER で使用される引数の値が含まれるベクトル

言い換えれば,LINGO モデルの作成者に対し,@USER 関数はプログラマによって指定された引数の数をとるように見えるし,関数を書いたプログラマにとっては2つの引数だけが許されることになる.

例題として,下記の Fortran プログラムを使って説明する.

```
REAL * 8  FUNCTION  USER(N, Z)
INTEGER * 4  N  REAL * 8  Z(N)
WRITE(6, *)  N, Z
USER = Z(1) + Z(2) + Z(3)
RETURN
END
```

この関数がコンパイルされ LINGO にリンクされているとする.@USER 関数を使った LINGO モデルは次のようになる.

```
MODEL:
1] X = @USER(5, 7, 9)
END
```

このモデルを実行すると,@USER サブルーチンは,

  3, 5.0, 7.0, 9.0

という値を表示する.また,X は 21 になる.

複数の関数を @USER 関数で使用するためには,まず別々のサブルーチンとして各関数を記述しコンパイルし,進みたいサブルーチンのインデックス番号を示す1つの引数を @USER に設ける.

LINGO に作成したルーチンをリンクするための方法に関する情報については,使用しているバージョンのリリースノートを参照してほしい.

あ と が き

1. 理数系教育に対する信念

筆者は，理数系の学問に対して，次のような信念をもっている．

- 理数系の学問は，「問題解決の実学」であるべきである．
- 理数系の学問は，明治以来行われてきた「専門家教育」の重視から，高度な問題解決能力を涵養する「ユーザー教育」を独立させるべきである．
- 理数系の学問の中では，特に統計，数理計画法，数学等の学問は，数学が共通言語であり，その研究成果はソフトウエアで実現しやすい．
- もし，学生から専門家までが使いやすく，専門家が要求する全ての機能を備えたソフトウエアがあれば，それを使えば，効率的で高度なユーザー教育が可能である．

2. 筆者の特異な経歴

筆者の信念は，多少人と異なるかもしれない．その理由は筆者の以下の特異な経歴が影響していると思う．

筆者は，一流の数学者になろうと思い，昭和42年(1967年)に京都大学理学部に入学した．しかし，水泳部に入り勉学をおろそかにしたため，大学院に落ちた．そして急遽，考えてもいなかった"就活"に入った．当時は不況であり，就職も厳しいといわれていた．すでに就職試験はあらかた終わっていたが，事務室のボードに僅かな求人票が残っていた．当時は，関西は地震が来ないという間違った情報があったため，就職は関西と決め，大阪淀屋橋にある住商情報システム㈱に電話した．採用は終わっているが，面接に来てくださいということでいくと，その場で採用された．

そして，昭和46年(1971年)に住商情報システム㈱に1期生で入社した．それから4年間，大阪府立成人病センターで心電図の自動解析プロジェクトに参

加した．与えられた研究テーマは，32個の心電図所見を正常所見と判別することである．そして，判別分析や林の数量化理論などの統計手法を独学で勉強した．

　数多くのデータの分布を眺めるうちに，正常から異常への移行は連続的にある計測値が大きく（あるいは小さく）なることであると悟った．そして，判別境界面上に異常所見の患者が多くきて，Fisherの仮説が正しくないのではという疑念をもった．

　その後，判別分析が筆者の研究テーマになった．このため20代で100冊以上の統計書で学習したが，いつまでたっても目標が見当たらず達成感がなかった．また書籍の場合，行間が読めず，周りにそれを教えてくれる専門家もいなかった．

　そこで，28歳のときに統計ソフトを購入し，自分の個人家庭教師にしようと考えた．当時，SPSSは世界で3,000社のユーザーがいた．京都大学や北海道大学などの先生方が国立大学の情報センターに導入され，解説書も多かった．筆者もSPSSを購入しようと考えた．しかし，企業の場合，代替案を検討しSPSSを選ぶ理由が必要であった．たまたま所属する企画部門の書棚にSAS76という統計ソフトSAS（ユーザー数560社）の数百頁のマニュアルがあった．それを読むうちに，データと統計手法がDATA StepとPROC（edure）Stepに明確に独立しているため，ユーザー開発の手法の登録も容易なように思えた．また「All in one System」をうたっていた．すなわち，SASだけで全ての統計と情報システムが開発できるというスローガンである．

　筆者は，自分の統計の勉強だけで導入するのは心苦しいので，日本の代理店になろうと思った．上司は，「確かに年間ライセンス料は高いが，ビジネスで失敗するともっと高くつくので，1年間調査し，その後に代理店の起案を上げなさい」ということであった．9カ月後に代理店交渉のため，ビルトッテン氏と一緒にノースカロライナのSAS本社でGoodnight社長と交渉に臨んだ．しかし，すでに日商エレクトロニクス㈱を代理店に決めたということである．筆者は，1年間の検討の猶予をもらっていたため，米国のユーザーと同じ扱いで

日本の代理店の傘下に入らないで計算センター利用を認めてもらい,昭和52年(1977年)にSASの計算センターサービスを始めた.そして,SASを利用した統計の解説書の出版[7]や学会での研究発表を通して普及を図ってきた.

3. 書籍文化とソフト文化の違い

　統計ソフトを自分の個人教師にする学習スタイルを確立したことで,書籍文化とソフト文化の違いがわかった.すなわち,20代で統計の専門書を独学で勉強しても,達成する目標が不明確であり,また行間が読めず理解に支障をきたした.例えば,Seal[35]の翻訳書の最初の部分に紹介してある「名義尺度に0/1のダミー変数を与えて配置行列を作成する規則」がわからず困っていた.しかし,SASのマニュアルには,その規則が紹介してあり良く理解できたので,その内容を文献[8]や森村・牧野先生らが編集された書籍[27]で紹介した.またわからないことは,数件のデータをSASで分析し,手計算と比較して理解することに努めた.

　ソフトウエアは分析したいデータを準備し,あらゆる関連手法で分析した出力結果が正しく理解できればよい.目標が明確なことは,精神衛生上も良いことが実感できた.また,この方法を授業で行えば,学生が勉強したことを社会に役立てることができる,ユーザー教育の雛型になると実感した.

　一方,ソフトのさらなる効用は,壮麗な統計学全体をシステム的,そして体系的に理解できることである.統計の研究家は,まじめな人ほど専門外のことは触れない傾向がある.しかし,ユーザー教育を行う場合,統計学全体を役に立つか役に立たないかで重要度を体系化し,優先順序をつける必要がある.

　例えば,推測統計学に関しては,専門書でも平均や比率だけを紹介し,全体像が示されていない.推測統計学の恩恵を受けるのは,平均,標準偏差,歪み度,尖り度,比率,相関係数,独立性の検定,回帰分析等に限られている.この推測統計学の全体像を教えることが重要である.そして,平均の標準誤差や95%信頼区間の解釈が,他の統計量に対しても同じく適用できることを理解すれば,ユーザーは正しく推測統計学の恩恵を受けることができる.多くの文科

系学部では，記述統計しか教えていないが，それでは社会に出て統計が使えない．

4. 統計から数理計画法と数学へ

　統計ソフトによる勉強のスタイルに味をしめ，数理計画法と数学でも同じスタイルを取ろうと考えた．自分が勉強したい理数系の学問分野のソフトの代理店になり，部下に新しいビジネスを作り，自分は勉強と研究をし，解説書の出版や研究発表するスタイルである．数理計画法では，統計ほど専門書を読まなかった．著名な書籍の中でも，線形計画法の計算アルゴリズム（単体法）に頁を割くものが多いことに違和感をもった．計算機に任せるものを教えて何を読者に伝えたいのか理解できなかった．

　しかし，森村英典先生をはじめとした OR 学会の先生方の訳書である H. M. ワグナー著のオペレーションズ・リサーチ入門シリーズ（倍風館）は，数理計画法で解決できる具体的な問題の解説を行っていて感銘した．

　そこで，世界中の数理計画法ソフトを調べ，昭和59年（1984年）にシカゴ大学ビジネススクールの Linus Schrage 教授の部屋を訪れ，LINDO Systems Inc. の代理店になった．そして彼の書いた書籍[1],[2]やマニュアル[3]の翻訳を行い，数理計画法を学んだ．部長になってからも実務は部下に任せ，翻訳（英語のできる女性社員が下訳を行った），書籍の出版，学会発表に注力した．サラリーマンとしては，異色の好き勝手な人生を歩ませてもらった．

　SAS に関しては，日商エレクトロニクス㈱，アシスト㈱と代理店が変わり，7年後に SAS の子会社に引き継がれた．昭和60年（1985年）に SAS ジャパンの社長から，営業マンが価格の高い IBM の汎用機版しか販売しないので，SAS ミニコン版の代理店になってほしいという依頼を受けた．上司の役員に相談すると，「君の趣味に使っていい部下は4人までで，大手の顧客を担当している部下に手をつけてはいけない」とクギを刺された．そこで"ブラブラ部長"の筆者と社員の市川君の2人で，当時世界第2位のコンピュータメーカであった DEC の代理店になり，SAS と VAX を32の製薬メーカに販売した．

今日，これらの製薬メーカの統計ユーザーが日本の統計分野で大きな役割を果たしている．製薬メーカの販売がほぼ一段落したので，次の目標として金融の投資分析システムに的を絞った．東洋信託銀行㈱(現，三菱 UFJ 信託銀行㈱)に，VAX の最上位機種，データ管理ソフトの Oracle と日経 NEEDS, SAS, LINDO といった筆者の人生で一番大きな数億円のシステム販売を行った．このとき，どの道値引きを要求されるから，当時 VAX 版で 500 万円した GINO を無償提供した．しかし，本書で提唱している無償の LINGO よりはるかに機能が劣ったものである．

この後，ピッツバーグ大学を訪れ T. Saaty 教授から昭和 61 年(1986 年)に AHP の代理店，平成 2 年(1990 年)に数学ソフト Speakeasy の開発者の Stan Cohen 博士に電話し，Speakeasy の代理店になった．Speakeasy は，川崎製鉄㈱(現，JFE スチール㈱)の水島製鉄所で OR 学会の中国支部の研究会があったとき，制御システムに組み込まれているのに驚いた．調べると，Speakeasy は数式処理ソフトの Mathematica や，Stan Cohen 博士が勤めるシカゴのアルゴンヌ研究所の同僚が作った設計思想の同じ Matlab の源流である．日本では富士通㈱が汎用機で代理店になり，川崎製鉄㈱，原子力研究所，三菱総合研究所，サントリー㈱等に入っていた．しかし，ミニコン，PC へのダウンサイジングに遅れ，Mathematica や Matlab に営業上は完敗していたが，使いやすい言語であり，PC 版は値段も安かった．また，Stan Cohen 博士から無償の評価版を解説書に添付する許可ももらった[18]．また，都道府県の教育委員会の監督下にある全高校には年間 100 万円で利用制限なしのライセンスを設定する許可をもらったが，教育委員会への営業力が弱く実現しなかった．

その後筆者は，平成 8 年(1996 年)に成蹊大学経済学部教授になった．そして，1998 年に判別分析の新手法である MNM 基準による最適線形判別関数を，What'sBest! を用いて研究を始めた．

平成 15 年(2003 年)にウィーンの国連の研究機関の IIASA で在外研究を行った．ウィーン南部にあるハプスブルグ家の離宮であり，岐阜大学から来た研究者はシシーの浴室を研究室にしていた．筆者はクーラーのない研究室で，暑

い夏にうだりながら統計のユーザー教育用のテキスト『JMP 活用　統計学とっておき勉強法』(講談社)を書き上げた．商用ソフトは一般的に高いが，競争が激しく無償の評価版を出している．同書には，特別に 2020 年まで稼働する JMP の評価版を付けた．ウィーンに行く前に JMP の責任者と話していて，「大学に JMP を普及する一番のキーは何ですか」と聞かれた．当時大学教育は SAS から SPSS に変えて利用していたが，「学生が自宅で利用できないのが一番困る」と答えた．2004 年にウィーンから帰ると，大学で契約すれば「教職員と学生が自宅でも利用できるというライセンス形態」が用意されていた．2 年後に SPSS に変えて JMP で授業を始めた．

　2007 年に Linus から代理店を解消したいので新しい企業を探してほしいという依頼があった．筆者が成蹊大学に移る際に，部下に他の業務の片手間でもよいから販売を頼んでいた．本来であれば，SAS の開発部隊などと合併させておくという手段を講ずるべきであった．売上が減少し，SAS システムの開発部門のような組織もないので販売担当者には苦労をかけた．

　数社に声をかけたが，統計に比べ市場規模がはるかに小さく，他の競合ソフトに市場を奪われていた．ある会社の担当からは，上司を説得する代理店になるための稟議書の雛型を書いてほしいということであった．そこで，米国と同一価格，これまでのマニュアルや解説書等の無償公開などの基本方針を決めた．大企業では，なかなか稟議書も通りそうでないので，かねての部下の市川君に代理店を依頼し，Linus 教授の了解を取った．

　実は，それまで研究には What'sBest! を用いていた．Excel のアドインで，モデルや計算結果が見やすい．その反面，複雑な最適化を行おうとすれば VisualBasic で制御プログラムを書く必要がある．ただし，高水準言語は Fortran しか理解していない筆者にはできなかった．それが改めて 2008 年に LINGO を調べてみると，筆者でも複雑な汎用モデルを雛型モデルを参考にして作成し，研究に利用できることがわかった．

　解説書[17] を出すにあたって，LINGO で書くことを主張したが，読者受けする Excel のアドインの What'sBest! でないと難しいということである．出版

界では，何かと普及している Excel に乗ろうという傾向がある．Excel はわかっている人が使うのには申し分ないが，書籍で解説する場合，セルに埋め込んだ計算式の説明が煩わしい．

今回，LINGO で汎用モデルを中心にした解説書を出版でき，長年の夢が実現できた．

5. 統計に遅れること 30 年

筆者は数理計画法のユーザー教育は，統計に 30 年遅れていると考えている．

統計では，1980 年前後に，多くの統計研究者やユーザーが統計ソフトを用いたデータ解析の普及に貢献した．そして，今日統計研究者とそれを支える裾野の広い統計ユーザーがいる．これが行えるようになったのは，統計ソフトは早い段階で，統計手法からデータを完全に独立させることに成功したことが一因である．つまり，さまざまな現象を表すデータをファイルに収集すれば，統計ソフトで手法名とデータファイル名を指定するだけで，データのサイズや変更に影響されずに分析できる点である．これによって，統計学部や統計研究科が大学にないにもかかわらず，社会で活躍する多くの統計ユーザーがいて，経営科学以上に企業での評価は高い．

さらに数理計画法が統計ソフトに 30 年遅れたのは，「数理計画法は関数で定義できる全ての問題の最大／最小を求める学問」であるが，どのような関数でも (多分) 大丈夫といえるようになったのは，すくなくとも 2000 年以降である．すなわち，線形計画法，2 次計画法，整数計画法，大域的探索を伴う非線形計画法，確率計画法といった数理計画法の主要な解法が商用ソフトで初めて完成した．すなわち，「All in One」が SAS に遅れること 30 年後に完成したわけである．

また，これまでの数理計画法ソフトで統計のような高度なユーザー教育は行えなかった．それは，統計ソフトのように手法 (数理計画法のモデル) からデータが分離できなかったからである．2000 年以前は，IBM の MPSX が数理計画法の盟主であった．データが手法から分離されていたが，モデルの方は記号

だらけで，複雑な最適化モデルの制御ができず，ユーザー教育には使えない．数式をそのまま記述する自然表記の LINDO では，データは独立していなかった．その後，2000 年以前に LINGO の集合表記で可能になっていたが，筆者はその意味を 2007 年まで認識していなかった．

本書で汎用モデルといっているのは，データを Excel などに定義し，モデルを変更することなくそれらを LINGO に読み込んで，Excel に分析結果を出力できるようになった点である．これによって，大規模な実際問題であっても，初心者の学生でも分析できる．

しかし，LINDO はこれができなかったため，システムごとに開発が必要であった．例えば，年度は不明であるが新日本製鐵㈱の八幡製鉄所の 24 時間原料ヤードの操業システムの開発を受注した．東京を離れ，一人八幡に行く社員を探すのに苦労した．現地で必要な情報を読み，C 言語で個別の LINDO の整数計画法モデルを 10 分ごとに作成し，LINDO の分析結果をまた C 言語に取り込んでモニターに表示するシステムの開発にあたらせた．すなわち，開発には部下の情報技術の専門知識と，筆者の数理計画法の分析能力といった，別の能力が要求された．これが，統計ソフトに比べ，産業界に数理計画法が普及していない理由であろう．

しかし，この状況は米国でも同じであったはずである．2010 年 11 月にテキサスのオースティンで INFORMS という米国の OR 学会の一つに「Fisher の線形判別関数を越えて」という発表のために参加した．驚いたことに，49 セッションが 5 日にわたって行われ，発表者の 7 割弱が大学以外の研究者であった．この日米の違いは，日本における経営科学のユーザー教育が遅れている結果と考える．

2011 年を日本における経営科学のユーザー教育の出発点にするため，多くの教員の協力と賛同を得たい．また企業の経営者や管理職の方は，ちょっとしたプロジェクトでも PERT による分析を義務付け，DEA を用いて中間管理職の意識改革や知的生産性の改善運動を立ち上げることに理解と協力が得られたらと願っている

あとがき

■東日本大震災

　3月11日の東日本大震災で被害にあわれた方々にお見舞い申し上げます．多くの人が，英知と汗を流し，一刻も早く被災者の方々が普段の生活に戻られ，社会システムが新しく再生するために力を合わせられればと考えます．

　本書の原稿を3月10日にメールで日科技連出版社に送った．いつもの習慣で「はじめに」で原稿の脱稿日を3月吉日にしていたが，震災にあわれた方々に対する哀悼とお見舞いの意味と記憶を風化させないため，3月10日とさせていただいた．

　3月11日当日は，14時から大学で会議をしていたが，これまでの人生で経験したことのない揺れを経験した．災害にたいして無力な筆者は，7階にある研究室で初めて夜を明かすことになった．これに先立つ2月21日には，私の本籍地の富山市の外国語学校の生徒や多くの人がクライストチャーチで亡くなられた．

　筆者の普及したい「数理計画法による問題解決法」は直接大災害には役に立たないであろう．なぜなら平時に十分な情報をもとに，個別の問題解決の計画を立てる性格のものであるからだ．例えば，電力の供給水準を何段階かで想定し，どのユーザーを停電にするのが社会への影響が一番少ないかをLPでシミュレーションする．そして，それを公表し，関係者の同意を得ておく．実際にそのような状況になった場合，修正すべきところを修正し，実施すべきである．

　しかし，大震災一カ月の経過をみるにつけ，政府，政治家，関係者の一部の対応のまずさが目に付いた．理数系の学問をちょっと勉強すれば，それで解決できるものは何ら躊躇することなく無駄な時間を浪費せず意思決定できる．そして，簡単に解決できない問題が明確になる．政治家や経営者などの社会の指導者は，非定型で複雑な問題を整理し優先順位をつけ，個別の具体的な問題に誰を担当させるかを決めるなど，全体の解決策を策定することが必要な能力である．

　今回のような場合，まず「何が問題か」を大震災と原発事故に分けて，事前

に準備できたこと，震災初期の対応，落ち着いてからの対応，復興のグランドデザインに分けてリストアップし，誰が個々の問題を責任もって解決するかを決めることである．

　今回あまりうまく対応できたとは思えないので，今回の大震災を範として，全ての問題点を洗い出し，今後必ず起こるであろう大地震に対する対策を徹底的に検討しておく必要がある．私たちは，一旦規則やマニュアルを作ってしまうと，現状に合わせ修正することなくそれにとらわれる傾向がある．マニュアルや計画は，何か起きればそれを現実に合わせ修正すべきものは柔軟に対応し，素早く行動を起こすために役立てるべきものであろう．

　先の「阪神・淡路大震災」を検証し，その対応策を考えていた例として，自衛隊や遠野市等の一部自治体，そして企業がある．これらをケーススタディとして，NHK 等のメディアは記録を残し，私たちの意識改革とコンセンサスを形成する必要がある．

　㈳日本オペレーションズ・リサーチ学会の數土文夫会長，NHK 経営委員長としてメディアを新しい語り部になることをお願いします．

参 考 文 献

[1] L. シュラージ他(青沼龍雄・新村秀一訳)(1989):『GINO によるモデリングと最適化』, 共立出版.
[2] L. シュラージ(新村秀一・高森寛訳)(1992):『実践数理計画法』, 朝倉書店.
[3] LINDO Systems Inc(新村秀一訳):「LINGO User Manal」.
[4] 新村秀一(2010):『最適線形判別関数』, 日科技連出版社.
[5] 新村秀一(2004):『JMP 活用 統計学とっておき勉強法』, 講談社.
[6] 新村秀一(2007):『JMP による統計レポート作成法』, 丸善.
[7] 新村秀一(2011):「問題解決学としての統計入門」, 『第 7 回 統計教育の方法論ワークショップ予稿集』, 1-10.
[8] J. Sall(新村秀一訳)(1986):『SAS による回帰分析の実践』, 朝倉書店.
[9] 高森寛・新村秀一(1987):『統計処理エッセンシャル』, 丸善.
[10] 新村秀一(1989):『易しく実践 データ解析の進め方』, 共立出版.
[11] 新村秀一(1993):『意思決定支援システムの鍵』, 講談社.
[12] 新村秀一(1994):『SAS 言語入門』, 丸善.
[13] 新村秀一(2002):『SPSS for Windows 入門 第 2 版』, 丸善.
[14] 新村秀一(1995):『パソコンによるデータ解析』, 講談社.
[15] 新村秀一(1997):『パソコン楽々統計学』, 講談社.
[16] 新村秀一(2002):『パソコン活用 3 日でわかる・使える統計学』, 講談社.
[17] 新村秀一(2008):『Excel と LINGO で学ぶ数理計画法』, 丸善.
[18] 新村秀一(1999):『パソコンらくらく数学』, 講談社.
[19] 刀根薫(1988):「企業体の効率的分析法— DEA 入門—(1)」, 『オペレーションズ・リサーチ』, 32/12.
[20] 近藤次郎(1978):『オペレーションズ・リサーチ入門—計画・管理・運用の技術—』, NHK 出版.
[21] A. Stam(1997): Nontraditional approaches to statistical classifcation: Some perspectives on Lp-norm methods. *Annals of Operations Research*, 4,1-36.
[22] V. Vapnik(1995): *The Nature of Statistical Learning Theory*. Springer-Verlag.

[23] 石井健一郎,上田修功,前田英作,村瀬洋(1998):『わかりやすいパターン認識』,オーム社.
[24] Linus Schrage(2007):*Optimization Modeling with LINGO*(Sixth Edition), INDO Systems Inc.
[25] 新村秀一(2009):「数学でできる問題解決学」,『成蹊大学一般研究報告』,42/4,1-52.
[26] OR学会編(分担執筆)(1999):『経営科学OR用語大事典』,朝倉書店.
[27] 森村・牧野他編(分担執筆)(1984):『統計・OR活用事典』,東京書籍.
[28] OR学会編(分担執筆)(1983):『OR事例集』,日科技連出版社.
[29] 新村秀一(2011):「試験の合否判定データの最適線形判別関数の分析」,『成蹊大学一般研究』.
[30] 新村秀一(1996):「重回帰分析と判別分析のモデル決定(2)—19変数をもつCPDデータのモデル決定—」,『成蹊大学経済学部論集』,27/1,180-203.
[31] B. Flury & H. Rieduyl(1988):*Multivariate Statistics : A practical Approach.* Cambridge University Press.
[32] H. M. Markowitz(1959):*Portfolio Selection : Efficient Diversification of Investments.* John Wiley & Sons.
[33] 新村秀一(1984):「医療データ解析,モデル主義,そしてOR」,『オペレーションズ・リサーチ』,29-7,415-421.
[34] 田口玄一(1999):『タグチメソッドわが発想法』,経済界.
[35] H. L. Seal(1964):*Mulitivariate Statistical Analysis for Biologists.* Methuen & Co., Ltd.(塩谷実訳(1970),多変量解析入門—生物学を題材にして—,共立出版).
[36] 今野浩(2009):『「理工系離れ」が経済力を奪う』,日本経済新聞出版社.

※ [1],[2],[3],[24]は,LINDO Japanから入手できる.

索引

【英数字】

! 34
; 6
@BIN 35
@FPA 179
@FREE 56
@GIN 35
@OLE 70
100重交差検証法 133
1次式 4
2×2の分割表 137
2群判別 137
2次計画法(QP) iv, 4, 10, 31, 103, 134, 136, 140, 149
2次判別関数 vii, 134, 145
2目的の最適化 103
ABC分析 40, 54
Access 50
AHP 123
Clark, C.E. 108
CT(コンピュータ断層撮影) vii
Cunningham, K. vii
Dantzig, G.B. 52
DATA節 46, 66
DEA法 v, 71
DMU 71
D効率値 74
D効率的 73
Excel iii, 37, 48, 50, 64, 70
——とLINGOで学ぶ数理計画法 19
Fisherのアイリスデータ 160
Fisherの仮説 134, 136, 143
Fisherの直接確率 145
GINO 27, 102

——によるモデリングと最適化 27
INIT節 30
IP-OLDF 139, 150
JMP 133, 134
JMP活用　統計学とっておき勉強法 192
JMP事業部 19
Kernelトリック 150
L1.5ノルム回帰分析 vii
L_1ノルム 134
LAD(Least Absolute Deviation)回帰分析 134
LAV(Least Absolute Value)回帰分析 vii, 136
LDF vii, 133
LINDO 27, 52, 58, 102
LINDO API 19, 27, 127
LINDO Japan 19, 20
LINDO Systems Inc. iii, 5, 19, 123, 190
LINGO iii, 3, 19, 27, 37, 133
——の関数 70
——の入手方法 19
LP-OLDF 151
L_pノルム 137
——回帰分析 134
——判別分析 134
Mahalanobis(マハラノビス)の距離 134, 145
Markowitz, H.M. 93
Mathematical Programming 13
MNM基準 133, 134
MPSX 51
MT(マハラノビス・田口)法 147
PageRank 177
PERT vi, 105, 168
PERT図 109

200 索引

Saaty, T.　*123*
Sall, J.　*134*
Sample（雛型）モデル　*vi, 2*
SAS　*102, 134*
　――による回帰分析入門　*134*
Schrage, Linus　*iii, vii, 93, 190*
SET 節　*46, 66*
Slack or Surplus　*42, 59*
Solution Report 画面　*7*
Solver Staus 画面　*7*
Speakeasy　*37, 46, 125*
SVM　*vii, 135, 148*
TSP　*123*
Visual Basic　*3, 133, 192*
What'sBest!　*3, 19, 27, 40, 51, 54, 64, 133, 191, 192*

【ア行】

意思決定主体　*71*
一般整数変数　*35, 175*

【カ行】

回帰分析　*vii*
改定 IP-OLDF　*140, 151*
改定 LP-OLDF　*152*
解の状態　*42*
外部標本　*146*
革新的な勉強法　*38*
学生の成績データ　*140*
確率計画法（SP）　*iv, 5, 109*
加減乗除とべき乗　*6*
関数　*5*
　――の最大値／最小値　*iv*
ガント・チャート　*vi, 105*
期待利益　*93*
教師データ　*146*
極小値　*12*
局所最適解（極大値／極小値）　*4*
局所最適解（極値）　*28*
極大値　*11*
極大値／極小値　*10*
極値　*10, 12*
組合せの爆発　*4, 125*
組立産業　*39*
クラスター化　*vi*
クリティカル・パス　*112*
クロス効率値　*vi, 75*
計画を立てる学問　*13*
決定変数　*6, 15, 40, 54*
原始集合　*65*
減少費用（Reduced Cost）　*v, 4, 9, 39, 42, 62, 176*
後続作業　*vi*
工程管理　*vi*
高度なユーザー教育　*iv*
効率性　*71*
効率的フロンティア　*73*
　――曲線　*99, 102*
効率フロンティア曲線　*vi*
誤差　*136*
個人の家庭教師　*38*
誤分類確率　*138*
誤分類数が 0 の場合　*135*
コメント　*34, 64*
固有値問題　*177*
コンジョイント分析　*vii, 134*
近藤次郎　*106*

【サ行】

在庫システム　*177*
最小誤分類数　*133*
最小値　*12*
最小二乗法　*vii, 4, 10, 134, 136, 140*
最早開始時刻　*111*
最大／最小値　*v*
最大値　*11*
　――／最小値　*4*
最適化ソフトウェア　*iii*
最適線形判別関数　*4, 133, 134, 191*
最適凸多様体　*151*

索引　201

サブ・ツアー(部分旅行)　126
サブ・ツアー切断　vi
サープラス　9
参照集合　73
自然表記　30, 50, 64, 70, 109
実行可能解　42
　——がない　32, 57
　——形計画法
　——なし　57
実行可能領域　6, 59
重回帰分析　135
集合節　46
集合表記　46, 50, 65, 70
自由変数　56
自由余裕　112
巡回セールスマン問題　vi, 123
推移確率行列　177
推測計学と無縁の学問　159
数独　vii, 163
数理計画法　1, 13, 125
　——ソフト　iii
スラック　9
正規性からの乖離　144
整数計画法(IP)　iv, 113, 168
製品組立　39
　——問題　v
制約式　16, 41, 54
制約条件　1
整理計画法(IP)　4
説明変数　135
背反条件　58
線形計画法(LP)　iv, 4, 24
線形判別関数　137
線形分離可能　135
先行作業　vi
総当り法　14
増減表　11
双対価格(Dual Price)　v, 4, 9, 39, 42, 63, 176
双対な関係　39
双対モデル　45

双対問題　51
ソフトマージン最大化SVM　150

【タ行】

大域的最適解　4, 21, 28, 30, 38
大域的探索　12
　——を含む非線形計画法　iv
大規模なモデル　65
田口玄一　147
多群判別　134, 137, 145
ダミー作業　110
多目的最適化　150
単回帰分析　135
単体法　5, 13, 24, 57
端点　5
値域　5
超過分(Surplus)　59
定義域　5
定式化の誤り　58
定常状態　178
データ解析　iv
統計ソフト　iv
統計の研究　133
刀根薫　74
トレードオフ　97

【ナ行】

内部標本　146
ナップザック問題　vii, 175
日程管理　vi
入力＝出力の保存則　113
入力ミス　58
ネットワーク構造　168
ノード　109
　——時刻　111
ノーベル経済学賞　vi, 3, 93

【ハ行】

配合計画　51
配合問題　v

配列　70
派生集合　46, 66
パソコンらくらく数学　37
パターン認識　135, 148
林の数量化Ⅱ類　145
判定不能　137
判別分析　vii
　——に横たわる問題点　133
　——の研究　3
汎用モデル　iii, v, 1, 3, 49, 50, 70
日科技連出版社　19
非効率的　73
　——フロンティア　73
非線形回帰分析　27
非線形計画法　4, 12, 27, 149
非線形最適化　27
一筆書き　vi, 123
非負条件　15
微分　10
非有界　43, 50
評価する　147
ファブレス産業　45
複利計算　24
不等号　6
ブランド・スイッチング　177
分割表の独立性の検定　145
分数計画法　72, 76
べき乗　10
　——計算　24
包絡分析法　v, 71
ポートフォリオ分析　vi, 3, 4, 10
　——モデル　18

【マ行】

牧野都治　190
マージン概念　148

マハラノビスの距離　147
魔法の学問　1
魔法の秘密　18
マルコフ過程　vii, 177
丸め解　34
無償の評価版　iv
目的関数　2, 6, 9, 15, 41, 54
目的変数　135
目標計画法　v, 35
モデル作成画面　7
森村英典　190
問題解決　24
　——学　iii
　——能力　38, 52

【ヤ行】

矢印線　109
尤度比　146
輸送計画　125
輸送問題　vii, 168
要員計画問題　vii
横線工程表　105
予測値　136

【ラ行】

理数系の能力　17
リスク　93
領域の最大／最小　13, 16, 24
　——問題　v, 4, 13, 16, 50
ロジスティック回帰　vii, 133, 134, 145
ロジスティック曲線　134
ローンの計算　vii
　——式　24

【ワ行】

割り当て問題　125

[著者紹介]

新村秀一（しんむら　しゅういち）
成蹊大学　経済学部　教授，理学博士

　1948年，富山市に生まれる．1971年，京都大学理学部数学科を卒業後，住商情報システム㈱に入社．統計，OR，AI，数学ソフトの普及に努める．ISI(国際統計会議)選出メンバー．日本オペレーションズ・リサーチ学会フェロー．日本オペレーションズ・リサーチ学会，日本計算機統計学会に所属し，1996年，成蹊大学経済学部教授となる．最先端の理数系のソフトを用いて統計や数理計画法の教育を行えば，データを解析し，問題を解決する実際的な能力が比較的容易に習得できると自信を深めている．著書には『最適線形判別関数』(日科技連出版社)，『意思決定支援システムの鍵』『JMP活用　統計学とっておき勉強法』(以上，講談社ブルーバックス)，『JMPによる統計レポート作成法』，『ExcelとLINGOで学ぶ数理計画法』(以上，丸善)など多数．

数理計画法による問題解決法

2011年6月26日　第1刷発行

著　者　新　村　秀　一
発行人　田　中　　健

検印
省略

発行所　株式会社 日科技連出版社

〒151-0051　東京都渋谷区千駄ケ谷5-4-2
電話　出版　03-5379-1244
　　　営業　03-5379-1238〜9
振替口座　東京　00170-1-7309

Printed in Japan

印刷・製本　中央美術研究所

© Shuichi Shinmura 2011
ISBN 978-4-8171-9392-6

URL http://www.juse-p.co.jp/

本書の全部または一部を無断で複写複製(コピー)することは，著作権法上での例外を除き，禁じられています．

好評発売中

最適線形判別関数

新村　秀一著
A5 判 223 頁

【主要内容】
　既に判別分析を利用している読者は，強力で簡単な最適線形判別関数で見直そう．特に，判別分析の成果の実際利用者は，新手法に置き換えることで格段の改善が図れる．本書では，すぐに利用できるプログラムも本書や文献で公開した．
　また，判別分析は重回帰分析と並び統計学で重要だが，解説書は少ない．判別分析には多くの問題があり，利用者はしっくりこないまま統計ソフトでの実際の応用問題の解決してきた．そこで本書では，比較検証のため4種類の実データとそこから作成したBootstrap標本を用い，既存の統計的判別手法との比較をした．判別分析の導入解説書としても最適である．

【主要目次】
第1章　判別分析の世界
第2章　数理計画法による判別分析の12年
第3章　最適線形判別関数とSVMの秘密
第4章　LINGOによる誤文類数の検証
第5章　フィッシャーの判別分析を越えて
付録A　LINGOのプログラム
付録B　JMPによるLDFとロジスティック回帰の100重交差検証法
付録C　最適線形判別関数を応用したい読者へのメッセージ

★日科技連出版社の図書案内はホームページでご覧いただけます．　●日科技連出版社
　URL http://www.juse-p.co.jp/